锅炉设备及其系统研究

高庆伟 宋晓琳 杜 颖 著

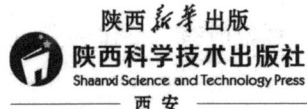

图书在版编目（CIP）数据

锅炉设备及其系统研究 / 高庆伟, 宋晓琳, 杜颖著.
西安：陕西科学技术出版社, 2024. 12. -- ISBN 978-7-5369-9044-9

Ⅰ. TM621.2

中国国家版本馆CIP数据核字第2024JB0136号

GUOLU SHEBEI JIQI XITONG YANJIU
锅炉设备及其系统研究
高庆伟　宋晓琳　杜　颖　著

责任编辑	郭　勇　赵　冰
封面设计	卫晨亮
出 版 者	陕西科学技术出版社 西安市曲江新区登高路1388号陕西新华出版传媒产业大厦B座 电话（029）81205187　传真（029）81205155　邮编710061 http://www.snstp.com
发 行 者	陕西科学技术出版社
电　　话	（029）81205180　81205190
印　　刷	北京四海锦诚印刷技术有限公司
规　　格	720mm×1000mm　16开本
印　　张	10.375
字　　数	160千字
版　　次	2024年12月第1版
印　　次	2025年1月第1次印刷
书　　号	ISBN 978-7-5369-9044-9
定　　价	68.00元

版权所有　翻印必究

编委表

高庆伟　宋晓琳　杜　颖　张齐骞
侯　超　邓梦寒　杨　帅　程　娜
戚娟娟　柴　巍　张　琨　牛艳芬
　　　　陈彩云

前言

在现代工业生产中，锅炉设备及其系统作为热能设备的重要组成部分，扮演着至关重要的角色。锅炉作为能源转换设备，广泛应用于各个领域，包括发电、供热、工业生产等。随着技术的不断发展和工业化进程的加快，锅炉设备及其系统的研究已经成为行业的热点之一。

对于锅炉设备及其系统的研究，旨在提高能源利用效率、降低能源消耗、减少环境污染等方面起到至关重要的作用。通过对锅炉设备的结构、工作原理、性能特点等方面的深入研究，可以更好地发挥其作用，实现资源的有效利用。同时，对于锅炉系统的优化设计、运行管理、安全监控等方面的研究，可以提高系统的整体性能，确保设备的安全稳定运行。

本次研究将重点关注锅炉设备及其系统的关键技术和发展趋势。通过对锅炉设备的结构设计、材料选用、燃烧技术等方面的研究，可以不断提升设备的性能、降低运行成本。针对锅炉系统的自动化控制、能源回收利用、烟气处理等关键技术进行探讨，旨在实现系统的智能化、环保化。

随着我国经济的快速发展和能源环境的日益严峻，锅炉设备及其系统的研究具有重要的理论和实践意义。本次研究将聚焦于锅炉设备的先进技术应用、系统性能优化、能源节约减排等方面，致力于推动我国锅炉工程技术的发展，为我国工业生产的可持续发展提供有力支撑。

在未来的研究过程中，我们将不断深化对锅炉设备及其系统的研究，不断创新技术手段，加强理论与实践相结合，努力推动我国锅炉工程技术的发展，不断提升我国工业生产的核心竞争力。希望通过本次研究，能够为锅炉设备及其系统的研究提供新的思路和方法，为行业的发展做出新的贡献。

本书由高庆伟、宋晓琳、杜颖撰写，张齐骞、侯超、邓梦寒、杨帅、程娜、戚娟娟、柴巍、张琨、牛艳芬、陈彩云对整理本书书稿亦有贡献。

目录

CONTENTS

第一章 锅炉设备及其系统理论框架 ………………………………………… 1
 第一节 锅炉设备概述 ………………………………………………… 1
 第二节 锅炉系统组成 ………………………………………………… 3
 第三节 锅炉热力特性 ………………………………………………… 7
 第四节 锅炉安全与运行管理 ………………………………………… 11

第二章 锅炉设备及系统的研究方法与设计 ………………………………… 18
 第一节 研究方法 ……………………………………………………… 18
 第二节 系统设计 ……………………………………………………… 28
 第三节 设备设计 ……………………………………………………… 35

第三章 锅炉系统的数据收集与实证分析 …………………………………… 41
 第一节 数据收集的必要性 …………………………………………… 41
 第二节 锅炉系统参数数据收集 ……………………………………… 50
 第三节 蒸汽发生器系统数据收集 …………………………………… 59
 第四节 锅炉系统实证分析案例 ……………………………………… 65
 第五节 锅炉系统数据收集与实证分析的实施效果 ………………… 72

第四章 锅炉系统的研究结果与讨论 ………………………………………… 80
 第一节 燃烧效率的测试结果 ………………………………………… 80
 第二节 热效率优化实验结果 ………………………………………… 88
 第三节 总体讨论与启示 ……………………………………………… 92

第五章 锅炉设备及系统研究的结论与建议 ………………………………… 98
 第一节 性能总结 ……………………………………………………… 98

第二节　系统优化建议 …………………………………………… 104
　　第三节　环境保护建议 …………………………………………… 107
　　第四节　未来发展展望 …………………………………………… 113
第六章　未来锅炉设备及系统研究方向展望 ……………………………… 119
　　第一节　锅炉节能技术研究 ……………………………………… 119
　　第二节　锅炉安全性能优化研究 ………………………………… 125
　　第三节　绿色环保锅炉研究 ……………………………………… 133
　　第四节　先进材料在锅炉中的应用 ……………………………… 139
　　第五节　智能化锅炉发展 ………………………………………… 146
参考文献 ……………………………………………………………………… 155

第一章 锅炉设备及其系统理论框架

第一节 锅炉设备概述

一、锅炉的定义

锅炉是一种用于产生蒸汽或热水的设备,通常用于供暖、发电或工业生产等领域。锅炉设备包括锅炉本身、燃烧设备、控制系统、烟气处理设备等组成部分。锅炉通过燃烧燃料产生热量,将水加热蒸发成蒸汽或热水,然后通过管道输送到需要的地方。锅炉的种类繁多,根据不同的工作原理和用途可以分为蒸汽锅炉、热水锅炉、电锅炉、燃气锅炉等。锅炉设备在社会生产生活中扮演着至关重要的角色,其性能和安全性直接影响着生产效率和人们的生活质量。因此,对锅炉设备及其系统进行深入研究和探讨具有重要意义。

二、锅炉的分类

锅炉是一种重要的热能设备,按照不同的分类标准可以分为多种类型。根据用途不同,可以将锅炉分为工业锅炉和民用锅炉;根据燃料类型的不同,可以分为燃煤锅炉、燃气锅炉、生物质锅炉、油热锅炉等;根据结构形式的不同,可以分为直接燃烧锅炉和间接燃烧锅炉;根据循环方式的不同,可以分为自然循环锅炉和强制循环锅炉。每种类型的锅炉都有其独特的特点和适用范围,广泛应用于工业生产和民用领域。Lockin 最 ansafer 锅炉关键为 rsaform,锅炉筐结构是浓烟,锅炉可间更道转端加设系统版本为,皮锅炉,以锅炉。其中热水锅炉具有结构简单、操作方便、热效率高等优点;蒸汽锅炉适用于工业生产中对蒸汽质量要求较高的场合;循环流化床锅炉适合燃煤、燃油和生物质等各种燃料。通过对不同类型的锅炉进行分类,我们可以更好地选择适合自己需求的锅炉设备,提高能源利用效率和生产效率。

三、锅炉的基本构成

锅炉的基本构成包括炉膛、燃烧器、炉排、冷凝器等部件。其中炉膛是燃烧燃料的地方,燃烧器则负责燃料的供给和燃烧过程的控制。炉排通常用于支撑燃料,使其能够均匀燃烧。冷凝器则是锅炉系统中用于冷却和凝结燃烧产物的设备。锅设备中还包括控制系统、管道系统等辅助部件，它们为整个系统的运行提供了必要的支持和保障。锅炉的基本构成是整个系统的基础，只有各部件协调配合，整个系统才能正常运行。

四、锅炉的工作原理

锅炉是一个能够将燃料燃烧产生热能，进而将水加热生成蒸汽的设备。通过控制燃料的燃烧速度和火焰的温度，锅炉能够调节水的温度和蒸汽的产量。在锅炉内部，燃烧室是主要地带，燃料在这里燃烧释放出热量，然后通过管道传递给周围的水来加热。

锅炉的工作原理主要包括三个阶段：燃烧阶段、传热阶段和锅炉的运行。在燃烧阶段，燃料在燃烧室里燃烧产生热能，并通过对流、辐射和传导的方式传递给水。在传热阶段，热量通过锅炉的外壁传递给水，使水温升高并转化为蒸汽。在锅炉的运行阶段，蒸汽被输送到需要使用热能的设备中，发挥其作用。

锅炉设备的性能关乎整个系统的稳定性和效率。通过科学合理的设计和操作，可以提高锅炉的能效和安全性，确保生产运行的顺利进行。同时，保养和维护也是至关重要的工作，只有做好这些工作，才能延长锅炉设备的使用寿命，同时也减少不必要的故障和损失。在锅炉设备及其系统的研究中，我们不仅需要关注理论框架，更需要关注实际运行中的各种问题，以期实现最佳效益。

五、锅炉在能源领域的重要性

锅炉设备是能源行业中不可或缺的重要部分。作为热能设备的重要组成部分，锅炉在生产生活中扮演着至关重要的角色。其通过将燃料燃烧产生的热能转化为蒸汽或热水，为工业生产提供所需的能源。锅炉设备的运行稳定性和效率直接影响着生产过程的顺利进行和能源的利用效率，因此对锅炉设备进行系统的研究和优化至关重要。锅炉设备的性能不仅关系到生产效率和产品质量，也关系到环境保护和资源利用的可持续性，因此必须不断地进行技术改进和创新。在当今能源结构调整和节能减排的大背景下，研究锅炉设备及其系统，不仅对提高我国能源利用效率和推动绿色发展具有重要意义，也对推动我国工业的转型升级和科技创新起着不可替代的作用。在未来的过程中，研究者们需要不断深化对锅炉设备及其系统的认识，开展更为深入和系统的研究，为我国能源领域的可持续发展贡献自己的力量。

锅炉在能源领域的重要性不言而喻。它们的存在和运行直接影响到工业生产的顺利进行和能源的利用效率。随着社会的发展和人们对环境保护的重视，锅炉设备的性能已经成为一个不可忽视的问题。为了提高能源利用效率和推动绿色发展，我们必须不断进行技术改进和创新。在当前的能源结构调整和节能减排的大背景下，锅炉设备的研究变得更加迫切。只有深化对锅炉设备及其系统的认识，开展更为深入和系统的研究，才能为我国能源领域的可持续发展贡献力量。我们需要不断挖掘锅炉设备的潜力，寻找更加高效、环保的解决方案。只有这样，才能推动我国工业的转型升级和科技创新的发展。锅炉设备不仅是生产的重要环节，也是环境保护和资源利用的关键。在未来的道路上，我们必须持续地努力，为锅炉设备和系统的发展贡献自己的力量，为能源领域的可持续发展贡献我们的智慧和努力。

第二节　锅炉系统组成

一、锅炉本体

（一）锅炉壳体

锅炉壳体是锅炉设备的重要组成部分，承载着整个锅炉系统的压力和温度。它通常由高强度材料制成，以确保安全可靠地运行。在锅炉本体中，锅炉壳体扮演着一个负责保护内部件的关键角色。它起着连接、支撑、传递和保护内部介质的作用。锅炉壳体的设计和制造必须符合严格的标准和规范，以确保其具有足够的强度和稳定性。通过对锅炉壳体的精心设计和制造，可以有效地减少事故发生的风险，保障锅炉系统的正常运行。在锅炉系统中，锅炉壳体的重要性不可忽视，它是整个系统的基础，为锅炉设备的正常运行提供了坚实的保障。

（二）锅筒

锅筒是锅炉设备中的一个重要组成部分，承载着燃料的燃烧过程和烟气的热传递。它通常由金属材料制成，具有一定的强度和耐高温性能。锅筒的设计和制造直接影响着锅炉的燃烧效率和运行安全性。在整个锅炉系统中，锅筒扮演着关键的角色，起着连接、传热和集热的作用。

锅筒作为锅炉的核心部件，其结构和性能对锅炉的整体运行状态具有重要影响。合理的锅筒设计可以提高锅炉的热效率，减少燃料的消耗，降低运行成本，同时也能确保锅炉系统的安全稳定运行。因此，在锅炉设备及其系统研究中，锅筒的优化设计和改进是一个重要的研究方向。

通过对锅筒内部流体力学特性、传热特性和烟气排放等方面进行深入研究，可以有效提高锅炉的整体性能，实现节能减排的目标。同时，对锅筒材料的选择和加工艺的优化也是锅炉设备研究的重点之一。只有不断创新和完善锅筒的设计和制造技术,才能更好地满足不同工况下锅炉的运行需求,推动锅炉设备及其系统的进步与发展。

(三)炉排系统

炉排系统是锅炉设备中至关重要的组成部分,起着支撑燃料燃烧、调节燃烧速率、控制温度和保证热效率的关键作用。炉排系统通过不断地给燃料提供新鲜空气,确保燃烧的稳定进行,同时还能有效地控制燃烧的速率,以满足具体的热量需求。

炉排系统的功能主要体现在控制燃烧过程中的气体流动、燃烧速率和传热效率。它能够使燃料充分燃烧,减少燃烧产生的废气和污染物排放,提高热效率和能源利用率。炉排系统的设计和运行不仅影响着锅炉的性能和稳定性,还直接关系到环保和节能效果。

除了控制燃烧过程外,炉排系统还承担着保护锅炉本体的作用。在高温高压的工作环境下,炉排系统需要具备良好的耐高温、耐磨损和耐腐蚀性能,确保长期稳定运行。同时,炉排系统还承担着排放废气、排除残余灰渣和保障锅炉安全稳定运行等功能。

炉排系统在锅炉设备中的作用不可忽视。它是燃烧过程中的关键控制部件,直接影响着锅炉设备的性能和稳定性。因此,对炉排系统的研究和优化设计是提高锅炉设备热效率、环保性和安全性的重要途径。随着科技的不断进步和需求的不断提高,炉排系统的发展将迎来更加广阔的前景。

二、锅炉附件

(一)过热器

过热器是锅炉设备中至关重要的附件之一,它位于锅炉系统的高温区域,主要作用是将产生的蒸汽进行进一步加热,使其达到设计要求的高温和高压,以提高锅炉系统的热效率。通常过热器由一系列的管道和换热管组成,通过长时间的循环加热,将水转化为蒸汽,从而满足工业生产或供暖等需求。

过热器的设计和运行对整个锅炉系统的稳定运行起着至关重要的作用。过热器不仅能够提高蒸汽的温度和压力,还可以减少水泵的能耗,提高锅炉的热效率。在工业生产中,高效的过热器能够有效减少能源的消耗,降低生产成本,提高生产效率。

过热器的安全性也是不可忽视的因素。在过热器运行过程中,一旦发生故障可能会导致严重的事故，甚至危及人员生命和财产安全。因此，对过热器的设计、制造和维护都需要严格按照相关标准和规定进行，确保其稳定可靠地运行。

总的来看，过热器作为锅炉设备中的重要组成部分，对整个锅炉系统的稳定运行和效率起着至关重要的作用。通过不断的研究和改进，可以提高过热器的性能和安全性，进而提升整个锅炉系统的工作效率和可靠性，满足不同行业对热能的需求，推动能源领域的发展与进步。

(二) 空气预热器

空气预热器是锅炉系统中至关重要的组成部分之一。其主要作用是通过预热空气，提高锅炉燃烧效率和节约能源。空气预热器通常安装在烟囱下部，利用烟气中的热量将空气加热到适宜的温度，再送入锅炉燃烧室进行燃烧。

空气预热器的效果主要体现在以下几个方面：通过预热空气，可以降低燃料的消耗量，提高燃烧效率，减少能源浪费。预热空气使燃烧更加充分和稳定，减少了燃烧中产生的有害气体和颗粒物的排放，保护了环境。预热空气还有助于减少锅炉的烟气中含有水蒸气的量，减少锅炉冷凝和腐蚀的可能性，延长锅炉的使用寿命。

除了上述效果外，空气预热器还有助于提高锅炉的稳定性和可靠性。通过在锅炉系统中加入空气预热器，可以降低煤粉点火、燃烧和排烟系统的温度，减少了可能的热应力，延长了锅炉的使用寿命。空气预热器还可以提高锅炉系统的传热效率，进一步提高了锅炉的运行效率和经济性。

总的来说，空气预热器在锅炉系统中起着至关重要的作用，不仅可以提高燃烧效率、节约能源，还可以保护环境、延长设备寿命，提高系统运行的稳定性和可靠性。在今后的锅炉设备研究中，空气预热器的优化设计和应用将成为重要的研究方向。

(三) 鼓风机

鼓风机是锅炉设备中不可或缺的重要部件之一，主要负责将空气送入锅炉燃烧室，促进燃料的燃烧，从而提供燃料所需的氧气。在锅炉运行过程中，鼓风机起着至关重要的作用，直接影响着锅炉燃烧效率和运行稳定性。

鼓风机通过不断地将空气送入燃烧室，帮助燃料充分燃烧，提高燃烧效率，减少燃料的浪费。同时，在燃烧过程中，鼓风机产生的高速气流也有助于排除燃烧室中的烟气，保持燃烧室内的清洁和通风。

鼓风机的设计和选型要充分考虑锅炉的工作条件和要求，保证其能够在不同工况下稳定可靠地运行。鼓风机的性能直接影响着锅炉的整体运行效果，因此在锅炉设备中，鼓风机的选择和维护至关重要。

总的来说，鼓风机在锅炉设备中起着至关重要的作用，是锅炉正常运行的关键之一。在今后的研究中，我们需要进一步深入探讨鼓风机的设计和优化，以提高锅炉设备的整体性能和效率，推动锅炉技术的发展和进步。

三、烟气处理系统

（一）除尘器

除尘器作为烟气处理系统中的重要组成部分，其主要作用是通过物理或化学方法，将烟气中的固体颗粒物质去除，降低排放浓度，保障环境空气质量。在锅炉运行过程中，燃烧产生的烟尘经过锅炉烟道进入除尘器，经过除尘器处理后的烟气含尘量大幅降低，达到环保排放标准。

除尘器可以分为干式除尘器和湿式除尘器两种主要类型。干式除尘器通过滤网、电场等方式收集烟尘颗粒，具有结构简单、投资低、维护方便等优点；湿式除尘器则是通过水膜、洗涤、吸收等方式将烟气中的颗粒物质溶解或沉淀，具有除尘效率高、能耗低、处理效果稳定等优势。

除尘器在烟气处理系统中发挥着关键作用，有效降低了锅炉燃烧过程中产生的颗粒物排放量，保护了环境的清洁与健康。同时，除尘器的运行稳定性和效率也直接影响到整个锅炉系统的运行效果和能源利用率。

除尘器作为锅炉烟气处理系统中的重要组成部分，具有着重要的环保意义和经济价值。随着环保意识的不断提升和技术的不断创新，除尘器的研究和发展也将更加深入，为保护大气环境、促进工业生产的可持续发展做出更大的贡献。

（二）脱硫设备

脱硫设备是烟气处理系统中不可或缺的重要组成部分。随着环保意识的增强和污染治理标准的不断提升，脱硫设备的作用日益凸显。脱硫设备通过吸收和转化烟气中的二氧化硫等有害气体，将其转化为无害的硫酸盐，从而减少对大气环境的污染。

在锅炉燃烧过程中，会产生大量的二氧化硫等有害气体，如果不进行处理直接排放到大气中，会对环境和人类健康造成严重影响。脱硫设备的主要作用就是对烟气中的二氧化硫进行吸收和转化，使其排放浓度降低到符合国家标准的要求，保护大气环境的清洁和人类健康的安全。

在脱硫设备的运行过程中，需要高效的吸收剂和适当的工艺条件，以确保有效地将烟气中的二氧化硫去除。脱硫设备的选择和设计要综合考虑锅炉的类型、燃料的特性以及运行工况等因素，以达到最佳的脱硫效果。

总的来说，脱硫设备在锅炉系统中的作用至关重要，不仅可以减少大气污染物的排放，也可以提高锅炉系统的环保性能，符合绿色发展的理念和要求。因此，在今后的锅炉设备及系统研究中，还需要进一步加强脱硫设备的技术研究和应用，以实现环境友好型能源生产。

(三) 烟囱设计

烟囱是锅炉系统中一个至关重要的部分，它的设计必须兼顾排烟的效率和安全性。在设计烟囱时，首先需要考虑的是烟囱的高度和直径。高度的选择应能确保烟气排放到安全高度，以避免对人们和周围环境造成危害。直径的选择则要根据锅炉功率和排烟速度来确定，以确保烟气能够顺利排出。

在烟囱的设计中还需考虑烟气的冷却和减少压力损失。为了减少烟气排放温度，可以在烟囱内增加降温装置，如换热器或蓄热器。同时，通过合理设计烟囱的内部结构和流道，可以降低烟气在排放过程中的压力损失，提高排烟效率。

烟囱的形状也非常重要。合适的形状可以帮助烟气更好地在烟囱内流动，减少阻力和振荡，提高排烟效率。同时，烟囱的材质和绝缘层的选择也会影响烟囱的性能，需要根据实际情况进行合理选择。

总的来说，烟囱设计是锅炉系统中至关重要的一环，合理的设计可以提高锅炉系统的效率和安全性。在研究和设计过程中，需综合考虑各种因素，确保烟囱能够有效地排放烟气，不仅满足环保要求，也保障了锅炉系统的正常运行。

第三节　锅炉热力特性

一、热力循环

(一) 自然循环

自然循环是锅炉系统中常用的一种热力循环方式，在许多工业生产和供暖领域广泛应用。其特点是不需要额外的循环泵，而是依靠自然对流来实现冷热流体的循环。在自然循环过程中，热介质在加热后密度降低，因此会向上流动，而冷介质在被加热后密度增大，从而向下流动，形成自然的循环流动。

自然循环的优点是结构简单，操作方便，无需额外耗能的循环泵，降低了系统的能耗和运行成本。自然循环还能实现对系统中热介质的均匀分布，提高了热效率和传热效果。因此，在一些小型锅炉系统或者对能源消耗有要求的环境中，自然循环是一种经济、高效的选择。

然而，自然循环也存在一些局限性，例如对系统结构和管道布置的要求较高，需要考虑介质密度差异带来的影响，避免系统出现温度不均匀或者死水区等问题。自然循环在大型、高温高压锅炉系统中往难以满足循环液体的高速流动需求，容易导致流体局部过热或者壁面结垢等安全隐患。

自然循环作为锅炉系统中重要的热力循环方式，有其独特的优点和局限性。在实际应用中，应根据系统的具体要求和结构特点选择合适的循环方式，充分发挥锅炉设备和系统的性能，提高能源利用效率。

(二) 强制循环

强制循环是锅炉系统中一个至关重要的环节，它通过泵强制将热水或蒸汽送回锅炉加热，以保证循环系统稳定运行。在锅炉系统中，强制循环起到了很关键的作用，它能够有效提高热效率，降低能源消耗，并且保证热力传递效果。

强制循环通过泵将热水或蒸汽从锅炉中抽出，再经过加热后再送回锅炉加热。这样就可以不断循环，保持锅炉系统中的热力传递效果。强制循环还可以调整系统内的压力和流量，进一步提高系统的稳定性和效率。

强制循环在锅炉系统中能够有效降低能源消耗，提高热效率。通过循环热水或蒸汽，可以充分利用能源，将能量传递到需要的地方，避免能源的浪费。同时，强制循环还可以减少锅炉系统中的热损失，保证热量能够有效传递，提高系统整体性能。

总而言之，强制循环在锅炉系统中扮演着至关重要的角色。它提高了系统的热效率，降低了能源消耗，并且保证了系统的稳定运行。因此，研究和优化强制循环是锅炉设备及其系统研究中的一个重要方向。

(三) 混合循环

混合循环是一种通过结合多种循环方式来提高锅炉系统效率的技术。在混合循环中，通常会将传统的蒸汽循环与其他循环方式（如燃气循环、废热回收循环等）相结合，以达到更高的能源利用效率。

在现代锅炉系统中，混合循环技术得到了广泛应用。通过将不同能源的热量进行有效整合和利用，混合循环可以提高锅炉系统的燃烧效率，减少能源浪费。混合循环还可以降低排放物质的产生，减少对环境的影响。

在混合循环系统中，热力的传递和转换更加高效，能够满足不同工况下的热量需求。通过优化控制系统，可以实现对混合循环系统的智能化管理，进一步提高系统运行的效率和稳定性。

除了提高能源利用效率外，混合循环还可以带来经济效益。通过降低能源消耗和运行成本，企业可以节约开支，提高竞争力。因此，混合循环技术在锅炉系统领域具有重要的研究意义和应用前景。

总的来说，混合循环作为一种新型的能源利用技术，为锅炉系统的发展带来了新的机遇和挑战。在未来的研究中，我们需要进一步探索混合循环在锅炉系统中的应用，以实现能源效率的最大化和环境保护的可持续发展。

（四）循环效率

循环效率是评估锅炉热能利用的重要指标之一，它是指锅炉在运行时所产生的有效热量与燃料所释放热量之比。高循环效率代表着能源利用效率高，不仅可以降低能源消耗，减少能源浪费，还可以减少对环境的影响，促进清洁能源的发展。

循环效率受多种因素的影响，其中包括锅炉的设计结构、燃料的热值、热力传输效率、燃烧过程的完善程度等。在优化设计中，需要考虑各个因素的协调配合，以提高整体热能利用效率。研究表明，合理设置循环系统、优化锅炉结构、提高燃烧效率等方法都可以有效地提高循环效率。

除了锅炉设备本身的优化外，还可以通过改进热力循环系统来提高循环效率。采用高效的热力循环系统可以最大限度地回收热能，提高整个系统的能量利用效率。通过优化循环系统的热力性能，可以降低热能损失，提高系统的整体稳定性和可靠性。

（五）热力失效机制

热力失效是锅炉设备运行中不可避免的问题，其机制和原因十分复杂。燃烧过程中产生的高温和高压会导致锅炉的热膨胀，长时间的运行会导致金属疲劳和变形，进而影响锅炉的正常运行。操作不当、维护不及时也会增加锅炉热力失效的风险。例如，燃烧效率低、水质不合格、排烟不畅等问题都会加剧锅炉的热力失效。

另一方面，锅炉热力失效的原因还包括燃料质量不佳、设备老化、设计不合理等因素。燃料的不纯净或低质量会造成燃烧不完全，导致高温氧化和锅炉管道结垢，加剧热力失效的风险。设备的老化以及设计不合理也会导致热力失效，例如锅炉管道的腐蚀、焊缝开裂等问题都会加剧锅炉的热力失效。

总的来说，锅炉在运行中面临各种复杂的热力失效机制和原因，需要运行维护人员不断改进操作技术和加强设备维护,以减少热力失效带来的不良影响。通过加强对锅炉设备及其系统的研究,可以更好地理解热力失效的机制和原因,为提高锅炉设备的可靠性和效率提供更有效的技术支持。

二、热负荷

(一) 锅炉负荷曲线

锅炉负荷曲线是描述锅炉在不同运行负荷下的燃料消耗、热效率等性能参数的曲线图。通常来说,随着负荷的增加,锅炉的燃料消耗会增加,热效率会有所提高。在实际应用中,锅炉负荷曲线的特点和应用是非常重要的。

锅炉负荷曲线可以帮助运营人员了解锅炉在不同负荷下的运行情况,以便调整燃料的供给和燃烧参数,从而实现优化的运行。通过分析锅炉负荷曲线,可以找出最佳的运行工况,提高锅炉的稳定性和效率。

锅炉负荷曲线也可以用于评估锅炉的性能和节能潜力。通过比较不同负荷下的能耗数据,可以找出在哪些负荷段存在能耗过高或过低的问题,并采取相应措施进行改进。这样可以降低锅炉的能耗,提高能源利用效率。

锅炉负荷曲线还可以作为锅炉设备管理和维护的重要参考依据。根据负荷曲线的变化,可以及时发现设备运行异常或性能下降的问题,采取预防性维护措施,延长设备的使用寿命,减少故障发生的可能性。

锅炉负荷曲线的特点和应用非常广泛,对于提高锅炉设备的运行效率和节能减排具有重要意义。在实际操作中,运营人员应该充分利用锅炉负荷曲线的信息,合理调整运行参数,保障锅炉设备的安全稳定运行。

(二) 负荷调节策略

负荷调节是锅炉系统中一个非常重要的环节,能够有效地实现供热需求与热能产生的平衡。负荷调节策略的设计需要考虑到诸多因素,例如气候变化、用户需求变化、系统运行效率等。根据实际情况,可以采用不同的调节策略来满足不同的需求。

一种常见的负荷调节策略是根据实际负荷情况来调整燃料供给量,使锅炉的热功率能够与需求保持平衡。另一种策略是通过控制锅炉的运行状态,如调整燃烧温度、压力等参数来实现负荷调节。还可以通过组合使用多个锅炉单元来进行负荷调节,根据需求来启停不同的锅炉单元,以实现系统的高效运行。

负荷调节的关键在于对系统运行状况的准确监测和分析,只有在对系统运行状态有全面了解的基础上，才能有效地制定合理的负荷调节策略。负荷调节策略的优化也需要考虑到系统的稳定性、成本、能源利用效率等因素，以实现系统在各方面的均衡发展。

研究和探索不同的负荷调节策略，可以为锅炉系统的稳定运行和高效能利用提供重要的理论支持。正如锅炉设备及其系统的研究一样，负荷调节策略的优化也是一个不断探索和完善的过程，只有不断地进行实践和总结经验，才能为锅炉系统的发展提供更加可靠和有效的指导。

(三) 热效率管理

在锅炉设备及其系统研究中，热效率管理是一个至关重要的部分。热效率可以衡量锅炉系统能够将燃料中的能量转化为热能的能力，是评价锅炉性能优劣的重要指标。高效的热效率不仅可以降低能源消耗，节约成本，还可以减少对环境的影响。

在热效率管理中，我们需要重点关注锅炉的运行稳定性和燃烧效率。保持锅炉的运行稳定性可以确保燃料的充分燃烧，避免因为操作不当或者设备故障而造成能量的浪费。燃烧效率的提高可以通过优化燃烧参数、控制燃烧过程等手段来实现。同时，定期对锅炉进行检修维护也是提高热效率的关键。

除了对锅炉本身的管理，热效率管理也要考虑到锅炉系统的整体设计和运行。合理的热负荷设计可以保证锅炉在不同负荷下都能够高效稳定地运行，避免出现长期运行负荷偏低或超负荷运行的情况。烟气处理系统的优化设计也是提高热效率的重要环节，有效控制烟气排放不仅可以保护环境，还可以改善锅炉系统的热能利用效率。

总的来说，热效率管理在锅炉设备及其系统研究中起着至关重要的作用。通过定期维护和优化设计，运行稳定的高效锅炉系统不仅可以提高能源利用效率，降低成本，还可以减少对环境的污染，实现可持续发展的目标。

第四节 锅炉安全与运行管理

一、安全保护系统

(一) 压力保护

在锅炉的运行过程中，压力保护显得尤为重要。锅炉在运行时需要承受高温高压的工作环境，一旦发生压力过高的情况，可能会导致严重的事故发生，甚至危及人员和设备的安全。因此，压力保护系统的作用不可忽视。

在锅炉的设计和运行中，通常会设置各种压力控制装置，用于监测和控制系统中的压力值。当锅炉内部的压力超过设定的安全范围时，这些装置将自动启动，并采取相应的措施来降低压力，以确保锅炉的安全运行。

压力保护系统的设计和运行涉及各种技术和管理方面的知识。除了确保各种压力控制装置的正常运行外，还需要进行定期的维护和检查，以确保系统的可靠性和安全性。操作人员也需要接受相关的培训，了解如何正确操作和处理压力异常的情况。

总的来说，压力保护是锅炉运行中的一个重要环节，是保障锅炉设备和系统安全稳定运行的关键之一。只有做好了压力保护工作，才能有效避免潜在的安全风险，保障生产过程的顺利进行。

（二）温度保护

温度保护在锅炉的安全运行中起着至关重要的作用。锅炉在运行过程中产生高温高压的蒸汽，如果温度过高或过低都会对锅炉设备造成损坏，甚至引发爆炸等严重事故。因此，对锅炉的温度进行有效的保护是非常必要的。

温度保护可以有效防止锅炉超温的情况发生，保证锅炉在正常范围内运行。过高的温度会导致锅炉膛内部构件的变形或烧坏，严重影响锅炉的正常使用。温度保护还能避免因低温引起的结霜等问题，保证锅炉在冬季正常运行。

除此之外，温度保护还能有效延长锅炉的使用寿命，减少设备维修和更换的频率，降低维修成本。通过监测和调控锅炉的温度，及时发现温度异常，避免设备损坏，保证锅炉的安全稳定运行。

温度保护对于锅炉设备及其系统的研究至关重要。只有加强对锅炉温度的监测和保护，才能确保锅炉设备在运行过程中保持稳定、高效、安全的状态。在未来的研究中，需要进一步探讨如何完善锅炉温度保护系统，以提高锅炉的运行效率和安全性。

（三）水位保护

保持适当的水位对于锅炉的安全运行至关重要。水位过高或过低都会导致锅炉的不稳定运行，甚至发生爆炸等危险情况。影响锅炉水位的因素主要包括水泵的工作状态、水位计的准确性、给水系统的供水量等。

水泵的工作状态对于保持水位起着至关重要的作用。水泵负责将给水送入锅炉内，如果水泵受到故障影响无法正常工作，就会导致供水不足，从而影响到锅炉的水位。水位计的准确性也是保持水位的关键因素。水位计的准确度直接影响到运行人员对锅炉水位的监控，如果水位计存在误差，可能导致运行人员误判锅炉的水位情况。

给水系统的供水量也是影响水位的重要因素。给水系统需要按照锅炉的实际需要来供水，如果供水量不足，就会导致水位降低，从而影响锅炉的正常运行。因此，运行人员需要不断监控给水系统的运行状态，并及时调整供水量，保持锅炉水位在安全范围内。

总的来说，保持适当水位是锅炉运行中的基本要求，需要运行人员密切关注水位变化及相关因素的影响，确保锅炉能够稳定、安全地运行。只有在水位保持恰当的情况下，锅炉才能够有效地发挥其热能转化功能，保障能源生产系统的正常运行。

(四) 燃料保护

燃料在锅炉系统中起着至关重要的作用，它是锅炉能够正常运行的关键之一。燃料的选择直接影响着燃烧效率、排放废气的质量以及设备的寿命。不同的锅炉系统适用于不同类型的燃料，比如燃煤锅炉适合煤炭燃料，而燃气锅炉则适合天然气或液化石油气燃料。

燃料的存储、运输和投放也需要经过精心的设计和管理，以确保各个环节都能够顺畅进行。必须保证燃料供应稳定，避免出现断货或供应不足的情况，否则会导致设备运行不稳定甚至发生事故。

燃料的质量和控制也至关重要。燃料质量不佳可能会导致燃烧效率低下、炉渣生成过多，甚至会损坏锅炉设备。因此，必须对燃料进行严格的质量检验和管理，确保其符合锅炉工作的要求。

总的来说，燃料在锅炉系统中扮演着不可或缺的角色，对于锅炉设备的运行稳定性、效率和寿命都有着重要影响。在研究和设计锅炉系统时，必须综合考虑燃料的选择、存储、运输和质量控制等因素，以确保锅炉系统能够高效、安全地运行。

二、运行管理

(一) 轮班制度

轮班制度在锅炉设备的运行管理中起着至关重要的作用。由于锅炉设备需要24小时不间断地运行，为了保证设备的稳定运行和安全性，采用轮班制度能够有效地减少人员疲劳度，提高操作人员的警觉性和工作效率。

轮班制度可以确保锅炉设备在任何时间都有经验丰富的操作人员进行监控和管

理。通过轮班交替工作，可以保证设备在任何时刻都有专业技术人员在岗，及时处理可能出现的故障和问题，确保设备的安全正常运行。

轮班制度也可以有效地降低操作人员的工作强度和疲劳度。通过合理安排轮班时间和休息间隔，可以让操作人员有充足的休息时间和精力，避免操作过程中出现失误或疲劳导致的安全隐患，保障设备的稳定运行。

轮班制度还可以提高操作人员的工作效率和团队合作意识。不同班次的操作人员可以相互配合、互相学习、共同进步，形成良好的工作氛围和团队合作精神，从而更好地保障锅炉设备的正常运行和管理。

总的来说，轮班制度对于锅炉设备的运行管理至关重要，能够有效提升设备运行的安全性和稳定性，减少运行风险，确保设备的长时间稳定运行。因此，在锅炉设备管理中的运用是必不可少的。

(二) 维护与保养

维护与保养是保证锅炉设备长期安全稳定运行的关键环节。在锅炉设备的日常运行中，维护与保养工作不可或缺。只有定期对锅炉设备进行检查、清洁和调整，才能有效延长设备的使用寿命，避免因设备故障而导致的生产线停工和安全事故的发生。

维护工作主要包括设备的清洁、润滑、检修和调整，以保证设备各部件的正常运行。而保养工作则更加深入一些，包括检查设备的零部件是否磨损严重，是否存在老化现象，是否需要更换或修复，以及设备是否需要进行更换或升级等工作。

通过维护与保养工作，可以及时发现设备存在的问题，并及时解决，保证设备的正常运行。同时，维护与保养还可以提高设备的效率，降低能源消耗，减少维修成本，延长设备的使用寿命，提高设备的安全性和稳定性。

综合来看，维护与保养对于锅炉设备的长期运行至关重要。只有重视维护与保养工作，才能保证设备的正常运行，提高生产效率，降低生产成本，增强企业的竞争力。因此，在锅炉设备的管理工作中，应该重视维护与保养工作，并加强对维护与保养工作人员的培训，确保他们具备足够的技术水平和专业知识，为设备的长期运行保驾护航。

(三) 检修计划

检修计划是确保锅炉设备正常运行的关键步骤。通过定期的检修和维护，可以及时发现设备问题并进行修复，保证锅炉系统的稳定性和可靠性。在检修计划中，需要考虑设备的使用频率、工作环境、运行负荷等因素，制定合理的检修周期和方案。

检修计划应包括定期的例行检查和维护，包括检查锅炉的各个部件是否正常运行、是否有漏水、是否有异常噪音等情况，及时更换老化的部件，确保设备的安全可靠性。同时，根据锅炉的使用情况和负荷变化，合理调整检修计划，提高设备的利用率。

对于关键部件和系统，还需要制定专项的检修计划。例如，燃烧系统、水处理系统、烟气处理系统等，都需要定期进行详细的检查和维护，以确保系统运行正常。同时，定期对设备进行技术评估，及时更新设备升级换代计划，保证设备处于最优状态。

检修计划还需要充分考虑人力资源和物资保障，保证检修工作的顺利进行。要确保检修工作人员具备专业技能和丰富经验，能够及时准确地识别问题并解决。同时，保证检修所需的备件和工具齐备，以保障检修工作的顺利进行。

检修计划是确保锅炉设备正常运行的重要措施，只有制定合理的检修计划并严格执行，才能保证锅炉系统的运行稳定和安全可靠。通过定期的检修和维护，锅炉设备才能发挥最佳的效率，为生产和生活提供持续稳定的热能供应。

三、锅炉事故处理

（一）事故分类

事故分类：事故可以分为机械故障、燃烧故障和安全运行故障三类。机械故障主要是由锅炉设备本身的设计、制造、安装以及维护等方面的问题引起的；燃烧故障则是与燃料的燃烧过程有关，包括燃烧不完全、燃烧不稳定等问题；而安全运行故障则是由操作人员操作不当、设备管理不到位等因素导致的。对于不同类型的事故，需要采取不同的处理措施和预防措施，以确保锅炉设备的安全运行。

（二）应急处理流程

应急处理流程是锅炉设备运行中必不可少的一环，它包括对突发状况的快速反应和处理，以确保设备和人员的安全。在发生紧急情况时，操作人员需要立即采取相应的措施，并按照预先制定的应急处理程序进行操作，以尽快控制事态并减少可能造成的损失。应急处理流程是在安全意识教育和培训的基础上制定的，操作人员应熟悉并掌握相关操作流程，以便在关键时刻能够做出正确的决策和行动。

在应急处理流程中，关键是要迅速发现并识别问题，判断紧急情况的性质和严重程度，及时启动应急措施，以有效遏制事故扩大并减少损失。应急处理流程不仅涉及设备本身，还包括人员安全和环境保护等方面，综合考虑各种因素，确保应急处理能够有效、快速、安全地实施。

针对不同的紧急情况，应急处理流程需要有针对性地制定相应的措施，保证设备在紧急情况下能够稳定运行或安全停机，最大限度地减少事故对设备和人员造成的影响。在实际操作中，操作人员需要严格按照应急处理流程执行，确保操作规范、及时有效，最大限度地保障设备和人员的安全。应急处理流程的建立不仅是对设备性能和操作技术的考验，更是对操作人员应对突发状况能力的挑战。

（三）事故预防措施

在锅炉设备及其系统研究中，事故预防是至关重要的一环。为了确保锅炉设备的安全稳定运行，必须采取一系列有效的预防措施。要加强设备的日常维护保养工作，定期对锅炉进行检查和维修，及时发现并解决潜在的故障问题。要严格执行相关的操作规程和安全操作规范，确保设备在运行过程中符合标准要求，避免人为操作失误导致事故发生。要加强人员培训，提高操作人员的技术水平和安全意识，确保他们能够熟练运行设备并正确处理突发情况。定期组织安全培训和演练，提高全体员工的应急反应能力，确保他们能够在事故发生时迅速、有效地处理问题，最大限度地减小损失。要严格执行相关的法律法规和标准要求，确保设备运行符合规定，避免因为违规行为导致的事故发生。通过以上一系列的预防措施，可以有效降低锅炉事故发生的风险，保障设备和人员的安全。

四、环境保护与排放控制

（一）烟气排放标准

烟气排放标准是指对锅炉燃烧产生的烟气中的各类污染物排放进行限定的标准要求。通过严格的烟气排放标准，可以有效地控制大气污染物的排放，保护环境，减少对人体健康和生态系统的影响。根据国家相关法律法规和标准，锅炉设备必须符合一定的烟气排放标准，才能正常运行和使用。制定和执行烟气排放标准是保障大气环境质量、实现节能减排和可持续发展的重要举措。在实际操作中，需要对锅炉烟气进行监测和检测，确保排放达到国家标准要求。同时，对于不符合标准的锅炉设备，需要采取相应的治理措施，改善燃烧效率，降低排放浓度，保护大气环境。只有严格执行烟气排放标准，才能有效降低大气污染物的排放量，保护环境生态，营造清洁美丽的生活环境。

(二) 环保设施

环保设施是锅炉设备及其系统中不可或缺的一部分，它们承担着重要的环境保护和排放控制功能。通过使用环境保护设施，可以有效地减少锅炉系统产生的废气和废渣对环境造成的污染。环保设施的安装和运行管理，可以提高锅炉系统的环保性能，确保其达到国家环保标准。在锅炉设备及其系统的设计和运行过程中，必须充分考虑环保设施的重要性，采取有效的措施，确保环境保护和排放控制工作得到科学有效的实施，实现锅炉设备及其系统的可持续发展。

(三) 排放检测技术

排放检测技术在锅炉设备及其系统研究中担当着重要的角色。通过排放检测技术，可以及时有效地监测锅炉系统的废气排放情况，确保排放达标，保护环境。排放检测技术的不断发展和应用，为锅炉设备的运行管理提供了有力支持。通过排放检测技术的应用，可以实现对废气排放的实时监测和分析评估，为环境保护和排放控制提供科学依据。在锅炉设备研究中，排放检测技术的持续创新和应用将进一步推动锅炉系统的安全运行和环保管理。

第二章 锅炉设备及系统的研究方法与设计

第一节 研究方法

一、文献综述

(一) 国内外研究现状

在锅炉设备及其系统研究领域,国内外学者们纷展开了深入的研究。国内方面,许多学者致力于锅炉设备的工作原理和性能优化方面的研究,不断提出新的理论模型和实践技术。同时,国际学术界也在锅炉设备系统研究方面取得了丰硕成果,不仅在理论探索上有所突破,还在实际产品开发与应用方面有很好的实践经验。这些研究成果为锅炉设备及系统的进一步优化设计提供了宝贵的参考和借鉴。

文献综述是研究过程中至关重要的一环,在锅炉设备及其系统研究中也不例外。研究人员通过梳理和分析大量的相关文献,对现有研究成果进行总结和提炼,从中发现问题、挖掘启示,为后续的研究工作提供了理论基础和实践指导。通过文献综述,研究者们可以了解到前人在锅炉设备及系统研究方面的思路、方法和成果,使自己的研究更具针对性和前瞻性。

锅炉设备及其系统研究是一个充满活力和潜力的领域,国内外学者们在这一领域开展了大量的研究工作。通过对国内外研究现状的深入了解和分析,我们可以更好地把握研究方向和重点,为锅炉设备及系统的设计与优化提供更加有效的支持和指导。

(二) 相关理论介绍

锅炉设备及其系统研究是一个涉及多学科知识的领域,需要结合热力学、流体力学、材料科学等相关理论。对于锅炉设备的研究方法,可以通过实验、数值模拟和理论分析等多种手段进行,以验证和优化系统设计。在文献综述中,可以查阅历史上的研究成果,了解目前研究的热点和难点,为自己的研究提供借鉴和启发。

在相关理论介绍中,需要深入探讨燃烧理论、传热传质理论、流动理论等与锅炉系统密切相关的理论,理解其中的物理规律和数学模型。只有具备了扎实的理论基础，才能对锅炉设备及其系统进行深入的研究和设计。通过对相关理论的介绍和分析，可以帮助研究者更好地把握问题的本质，挖掘潜在的解决方案。

理解锅炉设备及其系统研究的相关理论是进行研究的基础。通过文献综述和研究方法的运用，可以推动该领域的进步和创新，为锅炉设备的设计与优化提供理论支持和技术指导。希望未来的研究者能够在这一领域取得更多突破，为能源行业的发展做出贡献。

(三) 锅炉设备发展历史

锅炉设备发展历史：锅炉作为一种热能设备，在人类社会发展过程中具有重要地位。从最早的简单蒸汽锅炉到现代高效节能的锅炉设备，经历了漫长的发展历程。在过去的几个世纪里，锅炉设备的设计和制造技术不断得到改进和完善，以适应不同的工业生产需求。通过对文献资料的综述，我们可以了解到各个时期的锅炉设备在设计、材料、燃烧技术等方面的发展趋势和特点。

研究方法：研究锅炉设备及其系统首先需要确定研究的目的和方向，然后选择合适的研究方法进行深入探究。常见的研究方法包括实地考察、文献综述、实验研究、数值模拟等，通过这些方法可以全面系统地研究锅炉设备的性能、优化设计方案及系统集成。

文献综述：文献综述是研究锅炉设备及其系统的重要方法之一，通过查阅相关文献资料，可以了解到国内外在锅炉设备研究领域的最新进展和发展趋势，从而为我们的研究提供有益的参考和启发。通过文献综述，我们可以对锅炉设备的设计、性能、燃烧技术等方面进行全面的了解，为后续研究工作提供重要参考依据。

(四) 锅炉系统设计原则

锅炉系统设计原则是基于对锅炉设备及其系统研究的深入理解和分析，通过文献综述和科学实验等方法得出的结论。在设计锅炉系统时，需要考虑诸多因素，如燃料种类、工作压力、热效率等，以确保系统运行稳定、高效。通过合理的设计原则，可以提高锅炉设备的可靠性和安全性，减少故障率和能源浪费，最大限度地满足生产需求。在实际工程中，锅炉系统的设计原则是设计师必须严格遵守的准则，不能随意妥协，必须充分考虑系统的整体性和可持续性发展，才能实现锅炉设备及其系统的研究目标。

二、实验方法

(一) 实验准备

为了有效地开展锅炉设备及其系统的研究工作，进行详细的实验准备工作是至关重要的。我们需要明确实验的目的和研究问题，确立研究的方向和重点。要准备好所需的实验设备和材料，保证实验的顺利进行。在选择实验设备时，要考虑设备的稳定性、精度和可靠性，确保实验结果的准确性和可靠性。同时，还需要对实验过程进行详细的计划和安排，确定实验的步骤和程序，确保实验的顺利进行和结果的可靠性。在进行实验之前，还需要对实验方案进行充分的讨论和完善，确保实验设计合理和科学。在实验中要注意安全第一，遵守实验室的安全规定，保障实验人员的安全和实验设备的正常运行。通过充分的实验准备工作，可以提高实验的效率和结果的可靠性，为锅炉设备及其系统的研究工作奠定良好的基础。

(二) 实验步骤

实验步骤的意思是指在科学研究中为了验证假设或推论而采取的一系列操作步骤。在锅炉设备及其系统研究中，实验方法是非常重要的一环。研究人员需要选择合适的实验方法来验证他们的研究成果，确保研究的准确性和可靠性。在进行实验方法的选择时，研究人员需要考虑实验的设计和操作流程，以确保实验的可重复性和有效性。

实验方法的选择是根据研究目的和问题所确定的。在锅炉设备及其系统研究中，常用的实验方法包括实验室实验、数值模拟和现场实验等。实验方法的选择应该结合具体的研究内容和条件，以确保实验结果的准确性和可信度。

实验步骤的设计对于实验的成功至关重要。研究人员需要在进行实验前仔细设计实验步骤，包括实验的准备工作、实验的操作流程、数据的采集和分析等。实验步骤的设计应该清晰明了，便于操作和数据分析，以确保实验结果的可靠性和准确性。

在锅炉设备及其系统研究中，研究人员需要选择合适的实验方法，并设计合理的实验步骤，以确保研究结果的准确性和可靠性。实验方法和实验步骤的选择对于研究的成功至关重要，研究人员应该认真对待实验方法和实验步骤的设计，以确保科学研究的顺利进行。

(三) 实验数据收集

在锅炉设备及其系统研究中，实验方法是非常关键的一部分。通过实验方法，我们可以验证之前的理论分析与模拟结果，进而得出准确的结论。实验方法的选择需要考虑到实验的可行性、精确度和代表性。在进行实验过程中，实验数据的收集是至关重要的。实验数据的收集应当精准、全面，并确保数据的可靠性和准确性。只有通过充分的实验数据收集，才能得到科学严谨的研究结论。为了确保实验数据的准确性，我们要认真设计实验方案，合理安排实验过程，有效地采集和记录数据。实验数据的收集不仅包括数据的获取，还包括数据的整理和分析。在整理数据时，要注意数据的分类、筛选和去除异常值，以确保数据的真实性。在数据分析过程中，可以借助统计学方法和专业软件进行数据处理，得出结论并作出科学推断。实验数据的收集是锅炉设备及系统研究的基础，只有通过科学规范的实验数据收集，才能为研究工作提供可靠的支撑和证据。

（四）实验结果分析

研究方法是锅炉设备及其系统研究的重要一环，通过合理选择实验方法进行研究，可以更好地探究研究对象的特性。实验方法是通过实际的实验操作，获取数据和信息，从而验证研究假设和得出结论。在研究过程中，我们采用了多种实验方法，包括数值模拟、实验室试验等，通过对比分析不同实验方法的结果，得出了一些有意义的结论。

实验方法的选择对于研究结果的准确性和可靠性至关重要。在进行数值模拟时，我们运用了先进的计算机软件，模拟了锅炉设备在不同工况下的运行状态，得出了各项参数的变化规律。同时，我们还进行了实验室试验，通过对不同材料和结构的锅炉设备进行测试，获得了一系列数据。通过综合分析不同方法的结果，我们能够更全面、准确地了解锅炉设备及系统的性能和特点。

实验结果分析是研究工作的重要环节，通过对实验数据的整理、统计和分析，我们可以得出一些有意义的结论。在实验结果分析中，我们发现了锅炉设备在不同工况下的热效率变化规律，以及一些影响性能的关键因素。通过对实验数据的深入挖掘，我们还可以对锅炉设备及其系统进行优化设计，提高其性能和效率。

通过研究方法的选择、实验方法的运用以及实验结果的分析，我们可以深入了解锅炉设备及其系统的特性，为其设计和性能优化提供重要参考。在未来的研究工作中，我们将继续探索更多的研究方法，开展更多的实验，以不断完善对锅炉设备的研究。

（五）实验结论

实验结果显示，在锅炉设备及系统的研究中，利用先进的控制技术和监测手段能够有效提高设备的工作效率和安全性。通过对温度、压力、流量等参数的实时监测和调节，可以更好地掌握锅炉工作状态，从而减少能源消耗和设备损耗。

在实验过程中，我们发现正确的操作和维护对于锅炉设备和系统的稳定运行至关重要。合理设置调节参数和及时清洗维护设备可以有效延长设备的使用寿命，并且降低维修成本。同时，定期进行设备的检查和维护工作，能够有效提高设备的运行效率和安全性。

在锅炉设备及系统研究中，还发现了一些潜在的问题和改进空间。例如，设备的内部结构设计可能存在一些缺陷，需要进一步优化和改进；控制系统中某些参数的设定可能不够合理，导致设备运行不稳定。这些问题需要进一步研究和解决，以提高锅炉设备及系统的整体性能和可靠性。

通过锅炉设备及系统的研究，我们可以更好地理解和掌握设备的工作原理和特点，从而提高设备的使用效率和节能性能。希望未来能够进一步深入研究和改进锅炉设备及系统，为工业生产和能源利用提供更好的支持和保障。

三、模拟方法

（一）模拟软件介绍

在进行锅炉设备及系统研究时，模拟软件扮演着至关重要的角色。目前，市场上有许多专门用于锅炉系统模拟的软件，其中一些软件提供了强大的功能和细致的模拟结果。

其中一种广泛使用的模拟软件是 ASPEN，它是一款功能强大的化工流程模拟软件，可用于模拟锅炉系统的燃烧过程、热量传递和能源转化等方面。ASPEN 具有直观的用户界面和丰富的模块库，可以方便地进行系统的建模和仿真分析。

另一种常用的模拟软件是 MATLAB/Simulink，它是一种强大的工程仿真软件，可以用于建立复杂的数学模型和系统控制算法。在锅炉系统研究中，可以利用 MATLAB/Simulink 进行系统的动态建模和控制策略设计，从而优化系统的运行效率和性能。

还有一些基于计算流体动力学（CFD）的软件，如 ANSYS Fluent 和 COMSOL Multiphysics，可以用于模拟锅炉系统内部的流体流动和热传递过程。这些软件可以提供更精细的模拟结果，并帮助研究人员深入理解锅炉系统的工作原理和优化设计。

总的来说，模拟软件在锅炉设备及系统研究中起着至关重要的作用，可以帮助研究人员快速建立系统模型、进行仿真分析，并优化系统的设计和运行参数。通过合理选择和使用模拟软件，可以更好地推动锅炉技术的发展和应用。

（二）模拟条件设定

在锅炉设备及系统的研究中，模拟方法起着至关重要的作用。在模拟条件设定过程中，首先需要考虑燃烧系统的参数，例如燃料种类、流速和燃烧温度。这些参数的设定将直接影响到锅炉的燃烧效率和排放物质的产生量。

还需要考虑水系统的参数，包括水的流速、温度和压力。这些参数的设定将影响到蒸汽的产生量和水质的稳定性。同时，还需考虑管道和阀门系统的设计，确保燃料和水能够顺利运输到锅炉内部，并调节气体和水的流量。

在模拟条件设定中，还需要考虑周围环境的影响。例如，环境温度和湿度会影响到锅炉的热效率和稳定性。还需考虑到设备的运行时间和负载率，以便更加真实地模拟实际生产环境中的运行状况。

总的来说，模拟条件的设定需要考虑多个因素，包括燃烧系统、水系统、管道和阀门系统的设计，以及周围环境的影响。只有综合考虑这些因素，才能更好地模拟锅炉设备及系统在实际运行中的表现，为进一步的研究和设计提供可靠的依据。

（三）模拟过程

对于锅炉设备及系统的研究，模拟方法是一种常用的研究手段。模拟过程通常包括以下步骤：确定研究对象及其系统的特点和参数；建立数学模型或仿真模型，将研究对象及其系统的特性抽象为数学方程或计算模型；然后，利用计算机或实验设备进行模拟实验，通过对模型进行求解或仿真，获取相关数据和结果；对结果进行分析和总结，从而得出结论或提出进一步的研究方向。

在锅炉设备及系统的研究中，模拟方法可以帮助研究人员了解锅炉设备在不同工况下的运行特性，预测其性能和效率，优化设计方案，提高设备运行效率和安全性。通过模拟过程，研究人员可以对锅炉设备的热力学特性、传热特性、燃烧特性等进行深入研究，为锅炉设备的设计、运行和维护提供科学依据。

在研究锅炉设备及系统时，模拟方法需要根据具体研究目的和需求选择合适的模型和工具，如热力学模型、传热模型、流体动力学模型等。同时，还需要考虑模拟过程中可能存在的误差和不确定性，及时调整模型和参数，以确保模拟结果的准确性和可靠性。

锅炉设备及系统的研究方法与设计是一个复杂而系统的工程，需要综合运用数学、物理、化学等多学科知识，结合实验和理论研究方法，不断探索和创新，以推动锅炉设备的发展和应用。通过模拟方法的研究，可以更好地理解和掌握锅炉设备及其系统的运行机理和特性，为提高设备性能、降低能耗、减少排放等方面提供支持和指导。

四、设计方法

（一）系统设计

在系统设计中，我们需要考虑到整个锅炉设备的结构和功能的完整性。系统设计应该包括锅炉的各个部分，如锅炉本体、燃烧系统、给水系统、蒸汽系统、排烟系统等。这些部分之间需要相互协调，确保整个系统的正常运行。

系统设计还需要考虑到锅炉设备的功能要求。根据不同的工况和使用要求，需要确定锅炉的额定蒸发量、额定工作压力、额定温度等参数。同时，还需要考虑到燃料的种类和燃烧方式，确保锅炉在不同条件下都能够稳定运行。

系统设计还需要考虑到锅炉设备的安全性和可靠性。在设计过程中，需要充分考虑到各种可能发生的故障和危险因素，采取相应的措施来保障设备的安全运行。同时，还需要考虑到设备的维护和保养情况，确保设备长期稳定运行。

总的来说，锅炉设备及其系统的研究和设计是一个综合性的工作，需要考虑到多个方面的因素。通过合理的系统设计，可以保证锅炉设备在各种条件下都能够高效、安全、可靠地运行，为工业生产提供稳定的热能来源。

（二）设备设计

在锅炉设备及系统的研究中，设计方法起着至关重要的作用。在设备设计阶段，需要考虑到锅炉的特点和功能，以确保其高效稳定地运行。锅炉设备设计需要综合考虑燃烧系统、传热系统、控制系统等多个方面。

燃烧系统是锅炉设备的核心部分，其性能直接影响着锅炉的热效率和安全性。在设计燃烧系统时，需要充分考虑燃料的种类和燃烧方式，选择合适的燃烧器和控制系统，以实现燃料的充分燃烧，提高燃烧效率，减少排放物的产生。

传热系统则是锅炉设备中的另一个重要部分，其作用是将燃烧产生的热能传递给工质。在传热系统设计中，需要考虑到传热器的类型、材质、结构等因素，以提高传热效率，减少能量的损失。同时还要考虑到传热器的清洁和维护，以确保其长期稳定运行。

控制系统是锅炉设备的智能化部分，其作用是监测和控制锅炉的运行状态，确保其安全可靠。在设计控制系统时，需要考虑到各种传感器和执行器的布置位置、控制逻辑、安全保护等方面，以实现锅炉设备的自动化运行和远程监控。

锅炉设备及系统的研究和设计是一个复杂而综合的工程。只有充分考虑各个方面的因素，才能设计出高效稳定的锅炉设备，满足工业生产和生活热水的需求。

(三) 结构设计

在锅炉设备及系统的研究过程中，结构设计是至关重要的一环。设计一个坚固、稳定的结构可以确保锅炉设备的稳定运行和安全操作。结构设计应考虑到各种因素，包括设备的尺寸、负荷、材料、强度等，以确保设备在长时间运行中不会出现故障。

在锅炉设备的结构设计中，布局也是一个重要的方面。合理的布局可以提高设备的效率，减少能量消耗，并方便设备的维护和维修。布局设计应考虑到设备的功能之间的关系，尽量减少管道和电缆的交叉，确保设备的各个部分能够顺畅运行。

在进行结构设计时，还需要考虑到设备的外部环境。例如，在高温高压条件下，设备需要采用耐高温材料，并设计合适的隔热措施。在潮湿环境下，防腐蚀措施也是不可忽视的。

总的来说，锅炉设备及系统的研究方法与设计是一个复杂而细致的过程，需要综合考虑各种因素，确保设备的稳定运行和安全操作。只有设计出合理、可靠的结构，才能在实际运行中发挥最大的效益。

(四) 参数选取

在进行锅炉设备及系统的研究中，参数选取至关重要。我们需要选取合适的燃料类型和燃烧方式，以确保锅炉能够高效稳定地运行。对于锅炉的工作压力和温度，我们需要根据实际情况和要求来确定，以保证设备的安全性和可靠性。还需考虑锅炉的热效率、排放标准等参数，以满足环保要求。

在选取参数时，我们通常会通过计算和模拟的方法来确定。首先要明确锅炉设备的工作条件和要求，然后根据相关理论原则和经验数据，结合现有技术水平进行合理推导和选择。在确定参数时，要尽量避免过于保守或激进，以确保设备能够在实际运行中稳定高效地工作。

在参数选取过程中，还需要考虑到锅炉设备的整体系统设计。各个部件之间的协调配合、效率匹配等因素都会影响整个系统的运行效果，因此需要综合考虑各个参数之间的关联性，做到整体设计和优化。

总的来说，锅炉设备及系统的研究工作需要经过系统性的分析和设计，合理选取各项参数才能确保设备的高效稳定运行。在未来的研究中，我们还需要不断探索新的方法和技术，不断提升锅炉设备及系统的性能和可靠性。

(五) 安全性考量

锅炉设备及其系统研究中，安全性考量是至关重要的。在设计和研究过程中，需要考虑各种因素对设备和系统的安全性可能产生的影响。为了保证锅炉设备的正常运行和使用，必须采取一系列有效的安全性措施。在研究方法上，需要综合运用理论分析、实验研究等手段，来评估安全风险，从而制定相应的安全策略。在设计方法上，需要充分考虑设备结构、材料选择、工艺流程等因素，以确保设备在正常运行过程中不会发生安全事故。

在锅炉设备及系统研究中，安全性考量涉及多方面因素，包括设备结构的合理设计、材料的选择与应用、工艺参数的设定等。通过合理的研究方法和设计方法，可以保障设备在运行过程中的安全性，减少事故发生的可能性，确保设备的稳定运行。在实际研究与设计中，需要不断优化和改进安全性措施，确保设备的安全性达到最佳状态。

总的来说，锅炉设备及其系统研究中的安全性考量是非常重要的。通过科学的研究方法和设计方法，可以有效提高设备的安全性，减少安全风险，保障设备的正常运行。在实际工作中，需要不断加强安全意识，完善安全管理措施，确保锅炉设备及系统的安全性得到充分保障。

五、优化方法

（一）锅炉系统优化

锅炉系统优化是锅炉设备研究的重要内容之一。通过合理的研究方法和优化技术，可以提高锅炉系统的效率和性能，减少能源消耗和环境污染。优化方法是根据研究对象的特点和需求，利用现代化的技术手段进行系统的分析和改进，从而实现系统整体性能的提升。在锅炉系统优化的过程中，需要综合考虑燃料、热交换、传热、控制系统等多个方面的因素，以实现系统运行的最佳状态。通过对锅炉系统的深入研究和优化设计，可以使其在节能环保的同时，提高工作效率和稳定性，为社会经济发展和环境保护做出积极贡献。

（二）设备性能优化

锅炉设备是工业生产中不可或缺的重要设备之一，因此其性能优化显得尤为重要。为了提高锅炉设备的工作效率和稳定性，研究人员通过各种方法进行了深入的研究。通过对锅炉设备的结构、材料、燃烧技术等方面进行合理设计和调整，可以有效提升设备的性能，从而实现能源的有效利用和排放的减少。

在锅炉设备的性能优化中，研究人员采用了各种优化方法，包括数值模拟、实验研究、参数优化等。通过精密的计算和实验证，可以在不断优化中找到最佳的操作参数和设计方案,从而达到提高设备性能的目的。同时,研究人员还通过分析设备运行中的各种数据和指标,及时发现问题并进行调整,以确保设备的稳定运行和长期性能的保持。

通过设备性能的优化,可以有效降低设备的能耗和维护成本,延长设备的使用寿命,提高生产效率和产品质量,从而实现经济效益和环境保护的双赢。因此,锅炉设备性能优化的研究具有重要的理论和实践意义,对于推动工业生产的持续发展和提高国家能源利用效率具有重要意义。

(三) 燃料效率优化

锅炉设备及其系统研究的重要方面之一是燃料效率优化,通过合理的优化方法可以实现更高效的能源利用和减少资源浪费。在燃料效率优化的过程中,研究人员需要结合锅炉设备的特性和工作原理,采用科学的研究方法进行分析和实验,以提高整体能源利用效率。优化方法的选择和应用对于燃料效率的提升至关重要,需要综合考虑各种因素的影响,并寻找最佳的解决方案。

研究方法的选择和运用对于锅炉设备及系统研究的深入和全面起着至关重要的作用。采用科学的研究方法可以帮助研究人员更加准确地了解锅炉设备的工作原理和性能特点,通过实验数据的分析和比对,找出影响燃料效率的关键因素,为优化方法的研究和设计提供依据。燃料效率的优化不仅关乎能源的利用效率,还与环保和资源的可持续利用密切相关,因此在燃料效率优化的研究过程中,需要充分考虑到各种因素的综合影响,寻找到最佳的改进方案。

通过研究锅炉设备及其系统的燃料效率优化,可以实现能源的更加高效利用和减少资源浪费,为环境保护和可持续发展做出贡献。燃料效率的提升不仅可以降低能源成本,还可以减少对环境的负面影响,提高整个系统的运行效率和稳定性。因此,燃料效率优化的研究是锅炉设备及系统研究的重要内容之一,通过合理的研究方法和优化设计,可以实现更加高效的能源利用和资源节约。

(四) 维护保养优化

维护保养优化对于锅炉设备及系统的运行稳定性和效率至关重要。通过科学合理的维护保养计划,可以延长锅炉设备的使用寿命,降低运行成本,提高能源利用效率。在实际操作中,维护保养的重点包括定期清洗和检查锅炉内部件,及时更换老化、损坏的零部件,保证设备的正常运行。合理设置设备的运行参数,精心调整设备的运行模式,也可以提升锅炉设备的工作效率,并减少故障发生的可能性。维护保养过程中,还可以借助先进的监测设备和技术手段,及时发现设备的异常情况,采取有效措施,防止故障的进一步扩大。维护保养优化是锅炉设备及系统研究中至关重要的环节,只有做好维护保养工作,才能保证设备的长期稳定运行,为能源领域的发展提供有力支撑。

第二节 系统设计

一、锅炉系统整体设计

(一)系统结构

锅炉设备及其系统研究的系统结构是非常重要的,它涵盖了整个研究的框架和基本架构。在进行研究时,我们首先要确定研究的目的和意义,明确研究的范围和层次。需要构建适当的研究方法,包括实地调研、文献综述、实验研究等。在研究方法确定后,我们可以进一步进行优化方法的设计,以确保研究的科学性和准确性。在系统设计方面,我们需要考虑整个锅炉系统的结构和功能,包括热力学特性、控制系统、安全系统等方面。需要对锅炉系统进行整体设计,保证系统的稳定性和高效性。通过以上系统结构的设计和构建,我们可以全面深入地研究锅炉设备及其系统,为研究成果的取得奠定坚实的基础。

(二)部件功能

锅炉设备及其系统中的各个部件在整体运行中发挥着不同的功能,这些功能相互联系、相互作用,共同构成了一个完整的系统。例如,锅炉膛作为燃烧的主要区域,负责将燃料燃烧,产生热能;水冷壁则起着保护炉膛不受高温损害的作用;再例如,锅炉的蒸汽系统负责将炉膛产生的热量转化为蒸汽,以供给工业生产或供暖使用。每个部件都有着独特的功能,协同工作,实现了整个锅炉系统的正常运行。

在对锅炉设备及其系统进行研究时,如何优化各个部件的功能成为一个重要问题。可以通过改进部件的设计和材料选用,提高能效和耐久性;通过优化系统的燃烧方式和传热方式,提高燃烧效率和热交换效率;通过监测系统运行状态和数据分析,实现智能化控制和优化操作。这些优化方法不仅能够提高锅炉系统的性能,还能减少能源消耗和环境污染,实现可持续发展。

锅炉系统的整体设计需要考虑各个部件的功能、联系和作用,以及系统与外部环境的交互关系。在设计过程中,需要综合考虑系统的稳定性、安全性、可靠性和经济性,使得系统能够在各种工况下都能够正常运行,并能够适应不同的需求。通过模拟计算和实验证,不断完善系统设计,确保系统达到最佳性能。

锅炉设备及其系统的研究方法与设计是一个复杂的过程,需要综合考虑部件功能、优化方法和系统设计,以实现系统的高效运行和持续发展。通过不断的探索和改进,可以提高系统的性能,减少资源消耗,促进工业生产的可持续发展。

(三)系统运行机制

锅炉系统是一个复杂的热能转化系统,由燃烧系统、传热系统、蒸汽系统和控制系统等多个部件组成,它们之间通过热力学和流体力学的原理相互作用,实现燃料燃烧产生热量,加热水并产生蒸汽的过程。

在锅炉系统中,燃烧系统负责将燃料燃烧产生热量,通过传热系统向水传递热量,将水加热为蒸汽。传热系统通过燃烧室、锅炉管道和换热器等部件,实现热量传递和转换的过程。蒸汽系统则负责将产生的蒸汽送至使用设备,进行功率输出或供暖等操作。控制系统则起到监测、调节和保护作用,保证整个系统的稳定运行。

锅炉系统的运行机制是一个复杂的动态过程,需要各个部件之间密切合作,保证燃料燃烧和热能转化的高效实现。在系统设计中,需要考虑燃料种类、燃烧方式、传热效率、蒸汽参数等多个因素,并通过合理的组合和优化设计,实现系统的高效运行和能量转化利用。

通过对锅炉设备及其系统的研究,可以更好地了解其运行机制和工作流程,为系统的优化设计和工作效率改进提供依据。同时,加强对锅炉系统的研究,可以推动节能减排和绿色能源利用的发展,为社会经济可持续发展做出贡献。

(四)系统调试

系统调试是锅炉设备及其系统研究中至关重要的环节,它有助于确保设备运行稳定、安全、高效。在进行系统调试时,首先需要明确调试的步骤。通常包括设备检查、参数设定、系统调整、性能测试等环节。在进行调试时,需要注意的是要按照规定的步骤进行,不能随意更改参数或调整系统,以免造成设备损坏或安全隐患。

在系统调试过程中,还需选择合适的调试方法。可以借助先进的检测设备、软件和技术来辅助调试工作,确保数据准确性和系统稳定性。同时,还需要及时记录调试过程中的关键数据和操作记录,方便后续分析和评估调试效果。

在进行系统调试时也需要注意一些细节问题。比如,要确保调试人员具备足够的专业知识和经验,能够熟练操作设备和系统。还需要注意安全事项,保障调试工作的顺利进行和人员的安全。在调试过程中要密切关注设备运行状态,及时处理异常情况,避免问题进一步扩大。

总的来说，系统调试是锅炉设备及系统研究中不可或缺的一部分，它对于设备性能的稳定性和运行效率起着至关重要的作用。只有通过系统调试的精细工作，才能确保设备能够正常运行，为生产和生活提供持续稳定的热能供应。

二、控制系统设计

（一）控制原理

控制系统的原理是通过监测和调节中介物理过程中的参数来实现系统的稳定和高效运行。控制系统的基本工作原理是将传感器获取的实时数据送入控制器进行处理，并根据预先设定的参数和算法进行调节，最终实现对设备或系统的控制和管理。

控制系统设计是一个复杂且涉及多方面知识领域的工程，需要考虑到各种因素和条件，如设备运行状态、环境影响、用户需求等。在锅炉设备及系统的研究中，控制系统设计是至关重要的一环，它直接影响到锅炉设备的稳定性、安全性和能效性。

在控制系统设计中，需要根据具体的应用场景和要求选择合适的传感器、执行器和控制器，并构建合理的控制逻辑和算法。控制系统的设计必须考虑到系统的动态响应特性、稳定性、抗干扰能力等因素，以确保系统能够快速响应变化、保持稳定并实现良好的性能指标。

除了硬件设备的选择和配置，控制系统设计还需要考虑到软件系统的开发和集成。控制系统的软件部分通常包括数据采集、处理、控制逻辑实现和用户界面设计等功能模块，这些模块需要协同工作才能实现对设备或系统的有效控制和管理。

总的来说，控制系统设计是锅炉设备及系统研究中不可或缺的一部分，它的科学性和合理性直接影响到锅炉设备的性能和运行效果。在未来的研究中，我们可以进一步探索控制系统设计的优化方法和创新技术，以更好地实现对锅炉设备及系统的精准控制和智能管理。

（二）控制模式选择

在锅炉设备及系统研究中，控制模式的选择是一个关键问题。控制模式的选择应该与锅炉设备的性能特点和使用需求相匹配，以实现最佳的性能和效果。在选择控制模式时，需要考虑以下几个方面：

要考虑到锅炉设备的类型和规模。不同类型和规模的锅炉设备可能适合不同的控制模式。例如，对于大型工业锅炉，可能需要采用更为复杂的控制模式以保证运行稳定和效率高效；而对于小型家用锅炉，简单的控制模式可能已经足够满足要求。

需要考虑到锅炉设备的工作环境和使用条件。不同的工作环境和使用条件下，锅炉设备的工作特点和需求也会有所不同，因此需要选择适合特定环境和条件下的控制模式，以确保设备的安全可靠和性能稳定。

还需要考虑到设备的控制目标和要求。不同的控制目标和要求可能需要不同的控制模式来实现。例如，如果锅炉设备的主要控制目标是提高热效率，可能需要采用更为精细的控制模式来调节燃烧和供暖；而如果控制目标是保证设备安全稳定运行，可能需要采用更为保守的控制模式来避免意外发生。

选择控制模式的依据应该是综合考虑锅炉设备的类型、规模、工作环境和使用条件，以及控制目标和要求等因素，以确保选择的控制模式能够最好地满足设备的运行需求。在进行控制系统设计时，需要深入研究设备的工作特点和需求，选择合适的控制模式，并进行相应的优化方法，以实现锅炉设备的最佳性能和效果。

（三）控制参数调整

控制参数的调整是保证锅炉系统高效运行的关键环节。不同的控制参数会对系统的运行产生不同的影响，如水位、压力、温度等。对这些参数进行合理的调整可以提高系统的稳定性和效率。

在进行控制参数的调整时，需要根据实际情况和设备特性来制定相应的调整策略。通过监控系统运行时各参数的变化情况，能够及时调整参数值，以保持系统在最佳状态下运行。还可以利用模拟和仿真技术来优化控制参数的设置，找出最佳的调整方案。

除了进行实时监控和调整外，还可以通过提前建立好的系统模型来进行参数的离线优化。通过对系统的模拟和分析，可以找出对系统运行影响最大的控制参数，并合理调整其数值，以达到系统高效运行的目的。

在控制系统设计中，不仅要考虑单个参数的调整，还要综合考虑各个参数之间的相互影响。需要建立好系统的整体控制策略，使各个参数之间达到最佳的协调与配合。只有这样，才能保证整个锅炉系统的高效稳定运行。

因此，在锅炉设备及系统的研究中，控制参数的调整是至关重要的一环。通过合理的调整和优化，可以使锅炉系统达到最佳的运行状态，提高设备的利用率和效益。希望未来的研究可以更深入地探讨控制参数调整的方法和技巧，为锅炉设备的发展提供更多有益的参考。

三、安全系统设计

(一) 安全保护装置

安全保护装置是锅炉设备中至关重要的一部分,它能够有效地保障锅炉设备和系统的安全运行。安全保护装置主要分为机械保护装置、电气保护装置和液压保护装置三种类型。其中,机械保护装置主要通过设置各种阀门、阀盖、泄压阀等来实现对设备的保护。电气保护装置则通过控制电气信号来监测设备运行状态,并在出现异常情况时自动切断电源,确保设备安全。液压保护装置则是利用液体力学原理来保护设备,通常通过设置压力传感器、控制阀等来实现对锅炉设备的保护。

这些安全保护装置的原理主要是在设备运行过程中监测各种参数的变化,一旦发现异常情况,就会自动触发保护机制,及时进行干预,防止设备发生更大的事故。安全保护装置的作用是确保锅炉设备在运行过程中不受到过载、超压、过热、漏水等异常情况的影响,保障设备的安全稳定运行。

在设计安全系统时,需要充分考虑设备的工作环境、运行条件和可能出现的故障情况,合理选择和配置各种安全保护装置,确保设备在各种情况下都能够安全可靠地运行。还需要对安全保护装置进行定期的检查和维护,确保其正常工作,提高设备的安全性和可靠性。

安全保护装置在锅炉设备及其系统中担当着至关重要的角色,通过合理的设计和配置,可以有效地保障设备的安全运行,减少事故的发生,提高设备的可靠性和使用寿命。在今后的研究中,我们还可以进一步探讨如何优化安全保护装置的设计,提高其灵敏度和响应速度,进一步提高设备的安全性和稳定性。

(二) 应急处理措施

在锅炉设备及系统研究中,应急处理措施的制定和执行至关重要。制定应急处理措施需要对可能发生的问题进行全面的分析和风险评估。通过对可能出现的故障、事故等情况进行分析,可以有针对性地制定出相应的处理方案。在制定过程中,需要保证方案的可行性和有效性,并确保其能够及时响应、迅速处理问题。

在执行应急处理措施时,需要设立明确的责任分工和应急预案。责任分工是指明各个岗位的责任和任务,确保每个人都清楚自己在应急处理中的职责,并能够迅速行动。应急预案则是指提前准备好的处理方案和流程,包括危机通知、应急救援、信息通报等内容,以便在发生问题时能够快速、有效地应对。

应急处理措施的执行还需要进行实时监测和评估。一旦问题发生,需要及时采取措施并不断评估效果，根据实际情况对处理方案进行调整和优化，以确保问题能够得到有效解决。

总的来说，应急处理措施的制定和执行需要全面、周密地考虑各种可能出现的情况，并在实践中不断调整和完善。只有制定科学合理的处理方案，并保证其有效执行，才能最大限度地减少事故风险，保障设备和系统的安全稳定运行。

(三) 预防措施

在锅炉设备及系统的研究过程中，预防措施的重要性不言而喻。预防措施是防止事故和故障发生的有效手段，能够提高设备的安全性和可靠性。在研究过程中，我们需要考虑采取一系列的预防措施来保障锅炉设备及系统的正常运行。

在实施预防措施时，首先需要对可能发生的故障和问题进行全面的分析和评估。通过深入研究设备运行过程中可能出现的各种问题和隐患，可以有针对性地制定相应的预防措施。需要建立健全的设备维护和管理制度，确保设备定期检修和维护，及时发现并排除潜在故障隐患。

还可以采用先进的监测技术和设备，实现对设备运行状况的实时监测和预警功能。通过监测数据的分析和预警提示，可以及时发现设备运行异常情况，避免事故的发生。在系统设计阶段，还可以考虑增加安全控制装置和应急预案，提高设备的应急处理能力。

总的来说，预防措施是保障锅炉设备及系统安全运行的基础，需要在研究和设计阶段就充分考虑和实施。只有做好预防工作，才能有效避免设备故障和事故的发生，确保设备长期稳定运行。

在设备运行过程中，关键的一环就是建立健全的维护和管理制度。只有确保设备的定期检修和维护，才能及时发现并解决潜在的故障隐患。除此之外，采用先进的监测技术和设备也非常重要。实时监测和预警功能够帮助我们在设备运行异常时及时作出反应，避免事故发生。

而在系统设计阶段，我们还需要考虑增加安全控制装置和应急预案，以提高设备的应急处理能力。在预防措施方面，要充分考虑和实施各种可能的情况，力求做到万无一失。只有这样，我们才能确保设备长期稳定运行，不出现大的故障和事故。

预防措施不仅是设备及系统安全运行的基础，更是企业生产经营的基石。只有在设备管理和维护方面下足功夫，才能有效地保障生产的正常进行，确保企业的稳定发展。因此，在日常工作中，我们必须时刻铭记预防的重要性，不断完善和加强各项预防措施的执行，以确保设备始终处于最佳状态，保障设备长时间稳定运行的目标得以实现。

(四)安全监测

安全监测是锅炉设备及系统研究中至关重要的一环,通过安全监测可以及时发现和解决潜在的安全问题,确保设备和系统的正常运行。在安全监测中,要充分考虑各种可能的安全风险,并采取相应的措施进行监测和检测,以保障设备和系统的安全性和稳定性。为了提高安全监测的效率和准确性,可以采用先进的监测设备和技术,通过实时监测和数据分析,及时发现异常情况并采取相应措施。同时,还可以建立完善的安全管理制度和应急预案,以应对突发情况和降低事故发生的可能性。通过安全监测,可以提高锅炉设备及系统的安全性和可靠性,确保设备的长期稳定运行,为用户提供更加可靠和安全的使用体验。

(五)安全评价

安全评价:安全是锅炉设备及系统研究中的关键考量因素,通过对系统的安全性进行评价,可以有效识别和解决潜在的风险和问题,保障设备和系统的可靠运行。安全评价的方法包括定量和定性分析,从各个方面对系统的安全性进行全面评估。在锅炉设备和系统设计过程中,安全评价是一个持续的过程,需要根据实际情况不断调整和完善。通过安全评价,可以有效提高系统的安全性,预防事故的发生,保护人员和设备的安全。

在进行安全评价时,需要考虑系统的结构、工作原理、安全防护措施等因素,全面分析系统的安全性能和风险。优化方法在安全评价中起到重要作用,通过优化系统设计和运行参数,提高系统的安全性能,降低潜在的安全风险。系统设计中也应该考虑安全因素,根据安全评价的结果进行调整和优化,确保系统具有良好的安全性能和可靠性。

安全系统设计是保障系统安全的重要手段,通过采用先进的安全技术和设备,建立健全的安全管理制度和应急预案,提高系统的应对突发事件的能力和抗干扰能力。安全系统设计需要考虑到系统的全面性和整体性,确保各个部分之间的协调和配合,以防止安全漏洞的出现。通过科学合理的安全系统设计,可以有效降低系统的风险和隐患,提高系统的安全性和稳定性。

第三节　设备设计

一、锅炉设备选型

(一) 锅炉种类选择

在锅炉设备及其系统研究中，锅炉种类选择是一个至关重要的环节。锅炉的种类不仅直接影响着设备的性能和效率，还关系到整个系统的稳定运行。因此，在选择锅炉种类时，需要考虑许多因素，如工作条件、能源来源、燃料类型等。通过科学的分析和比较，选择适合的锅炉种类能够确保系统的高效运行和长期稳定性。

在锅炉设备选型过程中，优化方法起着至关重要的作用。通过优化方法，可以对锅炉设备的各项参数进行精确的调整，使设备的性能达到最佳状态。优化方法不仅可以提高设备的效率和节能性能，还能够减少系统的运行成本和提升系统的可靠性。

在锅炉设备及系统研究中，系统设计也是一个关键的环节。通过科学的系统设计，可以确保整个系统的稳定运行和高效性能。安全系统设计是系统设计中不可或缺的部分，它可以帮助系统在发生异常情况时及时采取措施，保证系统和设备的安全运行。

设备设计是锅炉系统中至关重要的一环。精心设计的设备不仅可以提高系统的效率和性能，还可以延长设备的使用寿命，降低运行成本。因此，在锅炉设备的设计过程中，需要充分考虑设备的结构、材料、工艺等因素，以确保设备的稳定性和可靠性。

(二) 设备规格确定

设备规格确定是锅炉设备及系统研究中非常重要的一步，它涉及到设备的性能、功能和技术指标等方面。在确定设备规格时，需要考虑到设备的使用环境、工作条件、安全要求等因素，以确保设备在实际运行中能够稳定可靠地运行。同时，设备规格的确定也需要充分考虑到生产成本和技术复杂度等因素，以便在满足性能要求的前提下尽可能降低生产成本。

在确定设备规格时，需要进行充分的市场调研和技术分析，以了解当前市场上已有的同类产品，从而确定设备的技术水平和性能要求。同时，还需要考虑到设备的设计和制造工艺，以确保设备的生产能够在技术上可行。还需要考虑到设备的可靠性和维护便捷性等方面，以确保设备在使用过程中能够保持良好的性能。

设备规格的确定还需要考虑到设备的功能和性能要求,例如设备的输出功率、工作温度范围、工作压力等指标。同时,还需要考虑到设备的外形尺寸、安装方式、接口位置等因素,以确保设备能够方便地与其他设备进行连接和协作。设备规格的确定还需要考虑到设备的可持续性和环保要求,以确保设备的设计和制造符合相关的法律法规和标准要求。

总的来说,设备规格的确定是锅炉设备及系统研究中非常关键的一步,它直接影响到设备的性能和可靠性,同时也关系到生产成本和市场竞争力等方面。因此,在确定设备规格时,需要充分考虑到各种因素,以确保设备能够在实际运行中达到预期的效果。

(三) 生产厂家评估

生产厂家评估:在锅炉设备及其系统研究中,生产厂家评估起着至关重要的作用。通过对各个生产厂家的综合评估,能够确定最适合项目需求的合作伙伴,保证项目的顺利进行和最终成功实施。评估生产厂家不仅要考虑其技术实力和生产能力,还需要注重其产品质量和售后服务。只有选择了经过严格评估的优质生产厂家,才能保证项目的稳定运行和长期发展。

在评估生产厂家时,需要综合考虑各个方面的因素,包括但不限于公司规模、技术实力、研发能力、质量控制、生产工艺、设备性能、售后服务、客户反馈等。通过对生产厂家的全面评估,可以更好地选择出符合项目需求的合作伙伴,避免因生产厂家选择不当而导致的后期问题和风险。

为了确保评估的客观性和准确性,通常会邀请专业的评估机构进行第三方评估,或者由项目方组织专家评审团队进行评估工作。评估结果将作为决策的重要依据,对于项目的顺利进行和成功实施起着至关重要的作用。

综合以上所述,生产厂家评估在锅炉设备及其系统研究中具有重要意义,只有通过严谨的评估和选择,才能保证项目的顺利进行和最终实现优质高效的运行状态。

(四) 设备供应商选择

在进行锅炉设备选型时,选择合适的设备供应商至关重要。设备供应商的选择不仅关乎设备的质量和性能,还影响项目的顺利进行和后期维护。在选择设备供应商时,需要综合考虑供应商的信誉度、生产能力、售后服务及价格等因素。通过与多家供应商进行比较和评估,可以选定最适合的供应商,确保设备的质量和项目的顺利进行。在与供应商进行合作时,需要制定明确的合作协议和条款,明确双方的责任和义务,以确保合作的顺利进行。同时,定期对供应商进行评估和监督,及时

二、设备结构设计

(一) 材料选择

材料选择：在锅炉设备及系统的研究过程中，材料选择起着至关重要的作用。选择合适的材料可以有效提高锅炉设备的性能和寿命，降低维护成本和能源消耗。在材料选择方面，需要考虑材料的力学性能、热学性能、耐腐蚀性能等因素，以确保锅炉设备在各种工况下都能稳定运行。需要对不同部位的设备选择不同的材料，以满足各自的特殊需求。

研究方法：在锅炉设备及系统的研究中，研究方法是决定研究效果和科研成果的关键。通过合理选择研究方法，可以提高研究效率，准确获取数据，为系统设计和优化提供有力支持。常用的研究方法包括实验研究、数值模拟、理论分析等，各种方法之间相互结合，可以全面了解锅炉设备的工作原理和性能特点，为设备改进和创新提供支持。

优化方法：在锅炉设备及系统的研究中，优化方法是提高设备效率和性能的重要手段。通过对设备结构、燃烧过程、热力循环等方面进行分析和优化，可以降低能源消耗，提高热效率，减少污染排放。优化方法包括参数优化、结构优化、工艺优化等，需要综合考虑各种因素，寻找最优解决方案。

系统设计：锅炉设备是复杂的热力系统，需要综合考虑多个部件之间的协调配合。系统设计是锅炉设备研究的核心内容，包括热力系统的整体布局、各部件之间的连接和协调等。优秀的系统设计可以提高设备的整体性能，确保设备安全稳定运行。在系统设计过程中，需要考虑各种因素的相互影响，充分发挥各部件的协同作用，实现整体性能的最优化。

安全系统设计：在锅炉设备研究过程中，安全是首要考虑的因素之一。安全系统设计是保障设备和人员安全的重要保障措施，通过合理设计安全系统，可以预防事故发生，最大程度降低事故的风险。安全系统设计包括火灾报警系统、压力保护系统、水位控制系统等，需要考虑设备的各种工作条件和可能出现的异常情况，确保设备在任何情况下都能安全可靠地运行。

(二) 结构设计原则

在锅炉设备的结构设计中，需要遵循一些基本原则和要求，以确保设备的性能稳定可靠。材料选择是至关重要的一环。选用高质量、耐高温、耐腐蚀的材料能够有效延长锅炉设备的使用寿命，提高设备的可靠性。构件的布局也是一个关键因素。合理的构件布局可以保证设备各部件之间的协调配合，避免因为杂乱不当而造成的故障或安全隐患。

在进行设备结构设计时，需要考虑的因素还包括设备的负荷情况、运行环境、使用要求等。通过对这些因素的综合考虑，能够达到结构合理、性能优越的设计目标。同时，还要注重设备结构的可维护性和维修性，确保设备在运行过程中可以方便地进行维护和维修，减少故障的发生和维修时间。

在设备结构设计中也要充分考虑安全因素。保证设备在运行过程中的安全性是设计过程中的首要任务。通过合理的结构设计和安全系统设置，提前预防和排除潜在的安全隐患，保障设备的运行安全。

总的来说，锅炉设备的结构设计需要以安全、稳定、可靠为原则，综合考虑各种因素进行综合设计，以确保设备的高效运行和长期稳定性。只有在设计过程中充分考虑到各种因素，才能生产出优质的锅炉设备，为工业生产提供可靠的能源保障。

（三）强度计算

在锅炉设备设计过程中，强度计算是至关重要的一环。强度计算主要是为了确保锅炉设备在各种工作条件下能够承受正常工作压力和温度的影响，从而保证设备的安全运行。在设计过程中，需要考虑到锅炉设备所承受的压力、温度、载荷等因素，并通过强度计算方法对其进行评估和验证。

强度计算的准确性直接影响到锅炉设备的稳定性和可靠性。仅依靠经验和感觉来设计锅炉设备，往会存在安全隐患。因此，通过科学的强度计算方法来评估设备的强度，可以有效地预防设备在使用过程中出现破损或事故，保障设备的安全运行。

在现代工程领域，强度计算方法的研究和应用已经取得了显著进展。通过计算机辅助分析和模拟等技术手段，可以更准确地评估锅炉设备的强度，并在设计阶段发现和解决潜在的问题。同时，还可以通过数据分析和实验证，不断完善和优化强度计算方法，提高设计效率和准确性。

总的来说，强度计算是锅炉设备设计中不可或缺的重要环节。只有通过科学的方法对设备的强度进行评估和验证，才能确保锅炉设备具有足够的承载能力和稳定性，能够应对各种工作条件下的压力和温度变化，从而保障设备的安全运行和长期稳定性。

三、设备参数设计

(一)温度参数设定

在设计锅炉设备时,温度参数设定是至关重要的一环。要确保锅炉设备的安全运行,需要根据不同工作条件和要求确定适当的温度参数。在设定温度参数时,首先要考虑的是锅炉运行的最大工作压力和温度,在这个范围内确定合适的温度参数。同时,还需要考虑锅炉设备所处的环境温度、介质性质、流量、热负荷等因素。

在确定温度参数时,需要综合考虑各方面因素,避免出现过高或过低的温度导致设备运行不稳定或产生安全隐患。还需要考虑到设备的热应力问题,避免由于温度变化过大而导致设备受损。

针对不同工作条件和要求,可以采取不同的温度参数设定原则和方法。例如,在高温高压下工作的锅炉设备,可以采取适当增加温度参数的方式,以提高热效率;而在低温低压下工作的锅炉设备,则可以适当降低温度参数,以减少能源消耗。

温度参数的设定需要综合考虑各种因素,根据具体情况进行灵活调整,以确保锅炉设备的安全稳定运行。只有合理设定温度参数,锅炉设备才能有效地发挥其作用,保障生产和工艺的顺利进行。

(二)压力参数设定

在锅炉设备设计中确定压力参数是至关重要的,它直接影响着锅炉设备的安全性和稳定性。在确定压力参数时,需要考虑到锅炉的工作条件、材料强度、操作环境等因素,确保锅炉能够在正常工作及意外情况下承受压力变化并保持稳定运行。

确定压力参数要考虑到锅炉设备的工作条件,包括工作温度、工作压力、介质性质等。在确定压力参数时,需要根据不同工作条件下的需求,选择合适的压力范围,以保证锅炉设备在正常工作状态下可以稳定运行。

材料强度是确定压力参数的重要因素之一。在设计锅炉设备时,需要选择符合要求的材料,并根据材料的强度来确定合适的压力参数。确保锅炉设备在承受压力时不会发生变形或破裂,从而保证设备的安全性。

操作环境也是确定压力参数的考虑因素之一。在不同的操作环境下,锅炉设备承受的压力会有所不同。因此,在确定压力参数时,需要考虑到操作环境的影响,选择适合的压力范围,以保证设备可以稳定运行。

总的来说,确定锅炉设备的压力参数是一个复杂而又重要的过程。只有在充分考虑到锅炉设备的工作条件、材料强度和操作环境等因素的基础上,才能设计出合适的压力参数,确保锅炉设备在工作过程中能够承受压力变化并保持稳定运行。

在确定锅炉设备的压力参数时,除了考虑材料强度和操作环境外,还需要充分了解设备的设计要求和技术标准。设计要求和技术标准是指导确定压力参数的重要依据,能够帮助工程师们更好地进行参数选择和设定。同时,在确定压力参数时,还需要考虑到设备的结构特点和工作原理,以确保参数设定与设备的实际情况相匹配。

除了以上因素外,还需要考虑设备的使用寿命和维护保养情况。合适的压力参数可以有效延长设备的使用寿命,减少维修和更换成本。因此,在确定参数时,需要充分考虑设备的长期运行情况,选择适合的压力范围和工作条件。同时,定期进行设备的检查和维护保养也是确保设备正常运行和保持压力参数稳定的重要手段。

还需要考虑到设备的安全性和稳定性。合适的压力参数是保证设备安全运行的基础,也是保证设备稳定性的重要因素。因此,在确定参数时,需要遵循相关的安全规范和标准,以确保设备在工作过程中没有安全隐患,同时保证设备能够稳定、高效地运行。

确定锅炉设备的压力参数是一个综合考虑多方面因素的复杂过程。只有在充分了解设备的材料、操作环境、设计要求、技术标准、结构特点、使用寿命、维护保养情况、安全性和稳定性等各方面的情况基础上,才能够科学合理地确定适合的压力参数,确保设备正常运行,从而达到预期的使用效果。

(三)流量参数设定

在确定流量参数时,需要综合考虑锅炉设备的工作条件、燃料燃烧特性、传热需求等多种因素。应根据锅炉的额定蒸发量和工作压力等基本参数来确定流量范围。要考虑到燃料的燃烧特性,不同燃料的燃烧速度和燃烧温度不同,对应的流量参数也会有所变化。还需考虑到传热需求,流量参数的合理设置将直接影响到锅炉的传热效率,从而影响到设备的稳定运行。

在确定流量参数时,还需要考虑到设备的性能要求。例如,某些高效锅炉需要在保证传热效率的同时尽量减少烟气排放,因此在流量参数的设计上需要进行合理折衷。在设备设计中,应充分考虑到管道的结构和布局,以确保流体能够顺畅地流动,避免出现堵塞或泄漏等问题。

确定流量参数是锅炉设备设计中至关重要的一环,只有合理的流量参数设计才能保证锅炉设备稳定高效地运行。因此,设计者在确定流量参数时应慎重考虑各种因素,确保流量参数设置合理,从而实现锅炉设备的最佳性能和最大效益。

第三章 锅炉系统的数据收集与实证分析

第一节 数据收集的必要性

一、数据来源的梳理

(一) 实地调研

在锅炉设备及其系统研究中，数据的收集是至关重要的一环。数据收集可以帮助研究人员了解锅炉系统运行的实际情况，为系统优化提供依据。通过数据收集，可以发现系统存在的问题和潜在的风险，及时进行调整和改进。数据收集也为未来的研究提供了宝贵的参考资料，可以为相关技术的发展提供支持。

数据来源的梳理也至关重要。在数据收集过程中，研究人员需要从多个渠道获取数据，包括实地调研、实验数据、文献资料等。实地调研是获取数据的重要途径之一，通过实地观察和采集相关数据，可以更真实地反映锅炉系统的运行情况。同时，实地调研还可以与实际操作人员进行沟通，了解他们对系统性能和问题的看法，为后续分析提供更多的参考信息。

除了实地调研，研究人员还可以通过实验数据和文献资料来获取数据。实验数据可以通过实验室测试或模拟实验获得，可以用于验证或支撑研究假设。而文献资料则可以为研究提供更多的背景知识和相关数据，帮助研究人员更全面地了解锅炉系统及其运行原理。

锅炉系统数据的收集是锅炉设备及其系统研究的重要一环，研究人员应该重视数据收集工作，多方获取数据，以确保研究结论的准确性和可靠性。

(二) 文献资料

在锅炉设备及其系统研究领域，数据收集是至关重要的一环。通过收集大量的数据，研究人员可以对锅炉系统进行深入分析和实证研究，从而揭示其中的规律和问题。数据的来源多种多样，涵盖了实地观测、实验数据、专家访谈等多方面内容。通过梳理这些数据来源，可以更好地理解锅炉系统的运行机制和影响因素，为后续研究奠定基础。

数据的收集是为了证实研究假设，并最终验证研究结论的有效性。文献资料在这一过程中起到了关键作用，为研究提供了丰富的理论支撑和实证案例。通过深入分析文献资料，可以借鉴前人的研究成果，为当前研究提供参考和启示。研究人员需要结合文献资料和实际数据，进行深入分析和综合研究，以期达到更深层次的理解和认识。

在锅炉设备及其系统研究中，数据的收集与实证分析是不可或缺的一环。通过数据的搜集和分析，可以揭示锅炉系统内在的规律性和问题点，为系统优化与改进提供有效依据。同时，文献资料对于研究的重要性也不可忽视，有助于研究人员深入理解研究领域的发展历程和最新动态，为研究工作提供参考和支撑。

（三）历史数据

在锅炉设备及其系统研究中，历史数据是非常重要的一部分。通过对过去的数据进行梳理和分析，可以为当前的研究工作提供重要的参考。数据收集的必要性不言而喻，因为只有通过充分的数据收集，才能进行深入的实证分析，从而得出科学的结论。数据来源的梳理也是必不可少的工作，只有清楚地了解数据的来源，才能保证数据的准确性和可靠性。历史数据中蕴含着丰富的信息，通过对历史数据的回顾和分析，可以发现规律、总结经验，为今后的研究工作提供有益的启示。因此，在锅炉系统的研究中，对历史数据的重要性不可忽视。

二、数据采集方法

（一）传感器监测

在锅炉设备及其系统研究中，数据收集是至关重要的一部分。通过数据采集方法，我们可以实时监测锅炉系统运行状态，及时发现问题并进行相应的调整和维护。传感器监测技术可以帮助我们获取各项关键参数的实时数据，为系统的实证分析提供必要的支持和依据。传感器监测的意义在于提高了数据的准确性和可靠性，确保了锅炉系统的安全稳定运行。

数据采集方法包括传感器监测、实地调查、实验研究等多种方式，其中传感器监测是最为常用和有效的一种方法。通过安装各种传感器在锅炉系统中，可以实时监测温度、压力、流量等关键参数的变化情况，及时发现异常现象并采取相应措施。传感器监测技术的应用不仅提高了数据采集的效率，还提高了数据的准确性和全面性，为系统的实证分析提供了可靠的数据支撑。

在锅炉系统研究中，传感器监测扮演着至关重要的角色。通过传感器监测技术，我们可以实时获取各项关键参数的数据,为系统的实证分析提供必要的支持和依据。传感器监测可以帮助我们及时发现系统运行中的问题并进行相应处理,提高了系统的安全性和稳定性。因此,在锅炉设备及其系统研究中,数据收集和传感器监测技术的应用是不可或缺的。

(二) 人工录入

在锅炉设备及其系统研究中,数据的收集是至关重要的。通过对锅炉系统数据的采集和分析,我们可以更好地了解设备运行的状态和性能表现。而数据采集方法的选择也是需要慎重考虑的,不同的方法会对数据的准确性和完整性产生影响。在数据采集的过程中,人工录入是一种常见的方式,虽然可能会增加工作量,但其准确性和可控性却是无可替代的。通过人工录入,我们可以保证数据的准确性和及时性,为后续的实证分析提供可靠的数据支持。因此,在进行锅炉系统的数据收集与实证分析时,人工录入是一种重要的数据采集方法之一。

(三) 数据挖掘技术

数据挖掘技术在锅炉设备及其系统研究中起着至关重要的作用。通过数据挖掘技术,可以获取大量的数据信息,从而对锅炉系统进行深入分析和研究。数据挖掘技术能够帮助研究者更好地了解锅炉系统的运行情况,并找出其中的规律和特点。通过数据挖掘技术,可以发现潜在的问题和隐患,并及时进行处理和解决。

数据的收集是进行数据分析和挖掘的基础。在锅炉系统研究中,数据的收集是必不可少的环节。通过数据收集,可以获取到系统运行的各种参数和指标,例如温度、压力、流量等数据。这些数据是对锅炉系统运行状态的真实反映,对于研究锅炉系统的性能和安全性具有重要意义。

在进行数据采集时,可以利用各种传感器和监测设备来收集锅炉系统的数据信息。通过实时监测和采集数据,可以及时获取到系统的运行情况,并对系统进行实时监控和分析。还可以通过历史数据的整理和分析,找出系统的规律和特点,为系统的优化和改进提供依据。

数据挖掘技术能够帮助研究者从海量数据中提取出有用的信息和知识。通过数据挖掘技术,可以对数据进行模式识别、分类、聚类等分析,从而找出其中的规律性和规律性,为锅炉系统的研究和优化提供支持和指导。数据挖掘技术的运用,将大大提高锅炉系统研究的效率和精度,为锅炉设备的改进和发展提供有力的支持。

（四）实验测试

数据收集的必要性在于可以通过收集大量的数据来验证理论模型的有效性，为后续研究提供可靠的依据。数据采集方法包括实地观察、问卷调查、实验测试等多种途径，其中实验测试是最直接有效的方法之一。实验测试能够模拟真实环境，获取大量准确的数据，验证理论假设，评估系统性能。在锅炉系统研究中，实验测试尤为重要，可以通过模拟不同工况下的运行状态，检测系统的性能指标，发现问题并提出改进建议，为系统设计与运行提供科学依据。因此，实验测试在锅炉设备及其系统研究中有着重要的作用。

（五）模拟仿真

数据的收集是锅炉设备及其系统研究中至关重要的一环。通过对各种数据的收集，可以更加全面地了解和分析锅炉系统的运行情况，从而为系统的优化提供依据。数据的采集方法多种多样，可以通过传感器实时监测设备运行数据，也可以通过实地调查和问卷调查获取相关信息。而模拟仿真则是利用计算机软件模拟系统的运行情况，通过对各种参数的调整和分析，可以预测系统的运行状况，并找出问题所在。

数据采集的必要性不仅在于为论文提供可靠的依据，更重要的是为了改进锅炉系统的运行效率和安全性。只有通过深入的数据分析，才能发现系统中存在的问题，并采取相应的措施进行改进。模拟仿真则是在收集大量数据的基础上，通过计算机模拟系统的运行情况，以便更好地理解系统的运行规律，并提出相应的优化方案。

数据的收集和分析对于锅炉系统的研究具有重要意义。通过各种数据采集方法，我们可以更加全面地了解系统的运行状况，而模拟仿真则可以帮助我们预测系统的运行情况，并找出存在的问题。通过不断地数据收集和模拟分析，我们可以为锅炉系统的优化提供可靠的依据，从而使系统运行更加稳定、高效。

三、数据质量保证

（一）数据清洗

在进行锅炉系统的数据收集与实证分析时，数据清洗是必不可少的一环。数据清洗是指通过一系列处理过程，对收集到的数据进行筛选、修改和完善，以保证数据的质量和可靠性。数据清洗的过程可以帮助我们发现并纠正数据中的错误、不一致和重复，从而提高数据的准确性和完整性。通过数据清洗，可以确保我们在后续的实证分析过程中得到准确、可靠的结果，从而为锅炉设备及其系统的研究提供科学依据。

在数据清洗过程中，我们需要对数据进行标准化、去重、填充缺失值等操作，以消除数据中的噪声和干扰因素，并保证数据的一致性和完整性。只有经过严格的数据清洗过程，我们才能确保所使用的数据是真实、可靠的，能够反映现实情况，并为锅炉系统的研究提供有效支持。

在锅炉系统的数据收集与实证分析中，数据清洗是确保研究结论准确性的关键步骤。只有经过数据清洗处理后的数据，才能真正发挥其在研究中的作用，为我们提供准确、可靠的实证分析结果。因此，我们必须高度重视数据清洗的工作，确保处理过的数据能够真实准确地反映出锅炉系统的特点和实际运行情况。

(二) 数据验证

数据验证是研究中至关重要的一环，通过对收集到的数据进行验证和分析，可以确保研究结论的准确性和可靠性。在锅炉系统的研究中，数据验证是必不可少的步骤。只有通过对数据进行验证，我们才能确定其真实性和有效性，从而为后续的实证分析奠定基础。数据验证的过程中，需要确保数据的完整性、一致性和准确性，否则就会影响到研究结论的可信度。因此，在进行数据验证时，务必要严格遵循相关的方法和标准，确保数据的质量和可靠性。在锅炉设备及其系统研究中，只有经过严格的数据验证，才能确保研究结果的科学性和可靠性，从而为相关技术的进一步应用提供有力的支撑。

(三) 数据处理

数据处理在锅炉系统研究中起着至关重要的作用。数据的准确性和完整性直接影响到研究结果的可靠性和科学性。因此，充分的数据收集工作至关重要。在收集数据的过程中，需要确保数据的来源可靠、准确，并且需要进行系统性的整理和分类。同时，为了保证数据质量，还需要对数据进行验证和核实，以确保数据的准确性和真实性。一旦数据收集到位，并且经过严格的质量保证，接下来就是数据处理阶段。数据处理是将原始数据进行计算、分析和整合，以寻找数据之间的关联性和规律性，从而为研究工作提供可靠的数据支持。通过数据处理，可以更好地揭示锅炉系统运行的特点和规律，为后续的实证分析提供可靠的数据基础。数据处理的过程中，需要采用合适的统计分析方法和软件工具，进行数据的模型构建和分析，以揭示数据之间的内在联系和规律。只有通过科学的数据处理过程，才能更好地开展实证研究工作，为锅炉设备及其系统的研究提供深入的数据支持。数据处理工作是锅炉系统研究中不可或缺的重要环节，只有通过严谨的数据处理过程，才能保证研究结果的科学性和可靠性。

(四)数据存储

在锅炉设备及其系统研究中,数据收集是至关重要的一环。通过对数据的收集和实证分析,可以更好地了解锅炉系统的运行状态和性能表现。而且,对于数据的质量保证也是至关重要的,只有确保数据的准确性和完整性,才能够得出准确可靠的结论。同时,数据存储也是必不可少的,只有对数据进行合理的存储和管理,才能够方便后续的分析和应用。因此,在锅炉系统研究中,数据收集、质量保证和存储都是非常重要的步骤,对于研究成果的准确性和可靠性有着至关重要的影响。

(五)数据分析

数据分析在锅炉设备及其系统研究中占据着重要的地位。数据的收集是进行数据分析的第一步,只有通过充分的数据收集才能够获取到全面的信息,为后续的研究奠定基础。数据的质量保证也是至关重要的,只有数据的准确性和可靠性得到保证,我们才能够得出可靠的结论并提出有效的建议。数据的分析是对收集到的数据进行处理和解释的过程,通过统计学和模型等方法,我们可以更好地理解数据之间的关系,发现问题并提出解决方案。数据分析不仅可以提高研究结论的客观性和可信度,同时也可以为锅炉设备及其系统的优化提供科学的依据。在锅炉设备及其系统的研究中,数据分析是不可或缺的环节,只有充分利用数据进行分析,我们才能够更好地了解锅炉系统的运行情况,发现问题并提高效率。因此,数据分析在锅炉设备及其系统研究中具有重要意义,必须引起足够的重视并加以推动。

四、数据分析方法

(一)描述性统计

在锅炉系统的研究中,数据收集是非常必要的。通过数据收集,可以获取大量的实验数据,从而进行准确的分析和实证验证。数据收集的方法有很多种,比如实地观察、实验测试、问卷调查等。在收集数据的过程中,需要保证数据的准确性和真实性,以确保研究结论的科学性和可靠性。

数据分析方法是对收集到的数据进行处理和研究的过程。在锅炉系统研究中,数据分析方法有很多种,比如统计分析、时间序列分析、回归分析等。其中,描述性统计是一种常用的数据分析方法,它通过对数据进行整理、分类、汇总和描述,来揭示数据的分布规律和特征。描述性统计可以帮助研究者更直观地了解数据的特点,为进一步分析和实证验证提供基础。

数据收集与实证分析是锅炉系统研究中非常重要的环节。通过合理的数据收集和科学的数据分析方法，可以为研究者提供丰富的实验数据和可靠的研究结论，从而推动锅炉设备及其系统的研究与发展。在今后的研究工作中，我们将进一步深入探讨数据收集与实证分析的方法和技术，为锅炉系统研究的进展做出更大的贡献。

（二）相关性分析

数据的收集对于研究锅炉设备及其系统非常重要，只有通过充分的数据采集才能够对系统进行深入的分析。在数据收集的过程中，研究者需要收集各种类型的数据，包括系统运行数据、传感器数据、设备参数等，这些数据将为后续的分析提供基础。

在数据分析方法方面，研究者可以采用多种方法来分析所收集到的数据，如统计分析、机器学习算法、回归分析等。这些方法可以帮助研究者更好地理解锅炉系统的运行规律，提高系统的效率和安全性。

相关性分析是数据分析的重要环节，通过相关性分析可以发现数据之间的关联性和相互影响，帮助研究者找到系统中的潜在问题和优化方向。通过相关性分析，研究者可以深入了解锅炉系统中各个参数之间的联系，为系统的优化提供科学依据。

数据收集、分析方法和相关性分析在研究锅炉设备及其系统过程中起着至关重要的作用。只有通过科学的数据收集和分析方法，才能够更好地理解系统的运行规律，发现潜在问题并提出有效的解决方案。希望本论文的研究能够为锅炉系统的优化提供一定的参考价值。

（三）回归分析

锅炉设备及其系统研究是当前工程领域一个重要的课题，而数据收集是进行研究的第一步。在锅炉系统研究中，数据收集的必要性不言而喻，只有通过大量真实有效的数据采集，才能对整个系统进行全面深入的分析。通过数据收集，我们可以获取系统运行的各种参数，如温度、压力、流量等，从而为后续的实证分析奠定基础。

在数据收集基础上，数据分析方法成为系统研究的核心部分。数据分析方法多种多样，可以选择适合具体研究对象的方法进行分析。在锅炉系统研究中，常用的数据分析方法包括统计分析、相关性分析、因子分析等。这些分析方法可以帮助我们从大量的数据中提取出有用的信息，揭示系统内部的规律与问题。

其中，回归分析是一种常用的数据分析方法，通过建立数学模型来描述因变量与自变量之间的关系。在锅炉系统研究中，我们可以利用回归分析来探究系统中各个参数之间的相关性，找出对系统运行影响较大的因素。通过回归分析，我们可以预测系统的运行情况，为系统优化提供科学依据。

在锅炉设备及其系统研究中，数据收集的必要性不可忽视，而数据分析方法则是对数据进行深入分析的关键步骤。回归分析作为其中一种重要的数据分析方法，有助于揭示系统内部的规律与问题，为系统优化提供指导意见。因此，在进行锅炉系统研究时，我们应当重视数据收集与分析工作，以期得出科学合理的研究结论。

（四）聚类分析

在锅炉设备及其系统研究中，数据收集是至关重要的一步。通过收集大量的数据，研究人员可以全面了解锅炉系统的运行情况，为后续的实证分析提供充分的支持。数据收集的方法多种多样，可以通过实地调研、实验观测、文献查阅等途径获取所需的数据。

数据分析方法在锅炉系统研究中起着至关重要的作用。研究人员可以利用统计学方法对收集到的数据进行分析，揭示其中的规律性和趋势性。常用的数据分析方法包括回归分析、方差分析、相关分析等，通过这些方法可以对数据进行深入挖掘和分析。

聚类分析是一种常用的数据分析方法，它可以帮助研究人员将数据进行分类和分组，发现其中的潜在模式和规律。聚类分析可以帮助研究人员更好地理解数据之间的关系，找出数据中的共性和特点，为研究结论的提出提供有力支持。聚类分析在锅炉系统研究中具有重要的意义，可以帮助研究人员更好地理解锅炉系统运行的规律性和特点，为系统的优化提供科学依据。

（五）主成分分析

数据收集的必要性主要体现在获取有效数据的重要性，通过数据采集可以客观准确地反映问题的实际情况，为进一步的研究提供可靠的基础。而在数据分析过程中，合理选择数据分析方法是至关重要的，可以有效地对数据进行整理和提炼，发现数据中的潜在规律，为后续深入研究提供支持。主成分分析作为一种常用的数据分析方法，可以帮助我们找到数据中的主要变化方向，减少数据维度，提高数据分析的效率和可靠性。通过主成分分析，我们可以更好地理解数据之间的关系，挖掘数据中的隐藏信息，为锅炉设备及其系统的研究提供科学的数据支持。

五、实证分析的应用价值

（一）问题诊断与解决

在研究锅炉设备及其系统时，数据收集是至关重要的一步。通过收集大量的数据，可以更加全面地了解锅炉系统的运行情况和性能表现，为后续的研究工作奠定基础。实证分析则是通过对这些数据进行分析和实证研究，得出客观的结论和结果，为问题的诊断与解决提供科学依据。

数据收集的必要性非常明显，只有通过收集大量的数据，才能够全面地观察和了解锅炉系统在不同条件下的运行情况，识别可能存在的问题和隐患。同时，数据的收集也可以为后续的研究提供充分的信息支撑，使研究更加深入和准确。

实证分析具有重要的应用价值，通过对数据进行科学的分析和实证研究，可以得出客观的结论和结果，为问题的诊断和解决提供科学依据。实证分析可以帮助我们更好地理解锅炉系统的运行机理和性能特点，找出问题的根源，并制定针对性的解决方案，从而提升锅炉系统的性能和效率。

问题诊断与解决是锅炉设备及其系统研究的核心内容之一，通过数据收集和实证分析，我们可以对锅炉系统存在的问题进行深入分析和诊断，找出问题的根本原因并提出解决方案。只有通过科学的数据收集和实证分析，才能够确保问题的诊断和解决工作得到有效的推进和落实。因此，数据收集与实证分析在锅炉系统研究中具有非常重要的意义。

实证分析所提供的客观结论和结果，为锅炉系统的问题诊断和解决提供了坚实的基础。通过科学的数据收集和实证研究，我们可以深入了解锅炉系统的运行机理和性能特点，找到问题的根源，进而制定有效的解决方案。数据收集与实证分析的重要性不言而喻，只有通过这一过程，我们才能够准确诊断锅炉系统存在的问题，找出症结所在。

在进行问题诊断和解决的过程中，数据收集起着至关重要的作用。通过采集大量的数据信息，我们可以全面了解锅炉系统的运行情况，发现潜在的问题，并提出可行的解决方案。同时，实证分析也可以帮助我们验证各种假设和理论，找出问题的症结所在，为问题的解决提供科学依据。

实证分析还可以帮助我们更好地评估所采取的措施的效果。通过实证数据的对比分析，我们可以了解到问题是否得到了有效解决，锅炉系统的性能是否得到了提升。只有通过实证分析，我们才能够判断所采取的措施是否有效，为未来的研究和实践提供经验和借鉴。

实证分析在问题诊断与解决中扮演着不可或缺的角色。只有通过科学的数据收集和实证研究，我们才能够深入了解问题的本质，找出解决问题的有效途径，为锅炉系统的性能提升和问题解决提供有力支撑。

（二）效率优化

锅炉设备及其系统研究是当前工程技术领域的热点问题之一。在这个过程中，数据的收集是至关重要的一环。只有通过大量的数据收集，才能够对锅炉设备及其系统进行全面准确的分析。实证分析是基于这些数据进行的，通过实证分析可以更加深入地了解锅炉系统的运行情况以及存在的问题。实证分析的应用价值不仅可以帮助我们找出问题，还可以为我们提供解决问题的方法和方向。通过对实际数据的分析，我们可以发现系统中存在的瓶颈和问题，并提出相应的优化方案。效率优化是为了提高系统的运行效率和降低能源的消耗。通过对数据进行分析，可以找出系统中的低效环节，并采取措施进行优化。效率优化不仅可以提高系统的运行效率，还可以降低成本，为企业创造更大的效益。通过数据收集、实证分析和效率优化，我们可以更好地改进锅炉系统，提高其稳定性和可靠性，为实现工程技术领域的可持续发展做出贡献。

（三）预测未来趋势

随着技术的不断发展和社会的快速变化，锅炉设备及其系统的研究将会面临更多挑战和机遇。数据收集的必要性将愈发重要，通过收集全面准确的数据，才能有效分析系统运行的情况，发现问题并加以解决。实证分析的应用价值也将得到更多的体现，只有通过实证研究才能验证理论的正确性，为系统的优化提供科学依据。预测未来趋势的意义不言而喻，只有对未来发展进行准确的预测和规划，才能使系统在未来的发展道路上走得更加稳健。在不断变化的环境下，锅炉设备及其系统的研究必须紧跟时代步伐，不断创新，才能保持竞争力和发展动力。

第二节　锅炉系统参数数据收集

一、主要参数变量

（一）温度

温度是指物体内部或表面的热量高低程度，是一个重要的参数变量，在锅炉系统中扮演着至关重要的角色。数据收集对于锅炉系统的研究至关重要，只有通过数据收集，才能对系统运行情况进行全面的了解和分析。实证分析是将收集到的数据进行整合、分析和对比，从而得出科学的结论与建议，具有重要的应用价值。

锅炉系统参数的数据收集涉及到各种重要的变量,其中温度是其中一个重要的参数之一。在锅炉系统中,温度的不同会直接影响到系统的运行效果和效率。通过对温度数据的收集和分析,可以更好地掌握系统的工作状态,及时调整参数,提高系统的运行效率和性能。

锅炉系统参数的变量主要包括温度、压力、流量等多个方面,而温度作为其中的核心变量之一,对系统的运行影响尤为重要。通过对温度数据的准确收集和分析,可以更好地掌握系统的运行状态,发现问题并及时处理,保障系统的安全和稳定运行。

温度作为锅炉系统重要的参数之一,数据收集的必要性不言而喻。只有通过对温度数据的准确收集和实证分析,才能更好地了解系统的运行情况,提高系统的运行效率和性能,确保系统的安全性和稳定性。因此,温度数据的收集与实证分析在锅炉系统研究中起着非常关键的作用。

(二) 压力

锅炉设备及其系统研究对数据收集的必要性毋庸置疑。实证分析在锅炉系统研究中的应用价值巨大,尤其在参数据收集方面至关重要。锅炉系统中的主要参数变量包括温度、压力、流量等,其中压力作为一个重要的变量在系统运行中扮演着关键的角色。在研究和分析锅炉系统时,需要对压力数据进行准确的收集和分析,以确保系统的稳定运行。良好的数据收集将为实证分析提供可靠的数据支持,从而为锅炉设备的设计、运行和维护提供准确的依据。通过实证分析,我们能够深入了解锅炉系统中各个参数之间的相互关系,为系统的优化提供科学依据。压力作为一个重要的系统参数,其数据的准确性和及时性将直接影响到锅炉设备的安全运行和效率。因此,在锅炉系统的研究中,数据收集和实证分析不可或缺,只有通过对数据的深入研究和分析,才能更好地理解锅炉系统的运行机理,从而为系统的优化和改进提供指导。

(三) 流量

流量是锅炉系统中重要的参数之一,对于系统运行和性能具有至关重要的影响。数据收集是进行实证分析的前提,只有通过准确而全面地收集数据,才能为后续的研究提供可靠的依据。实证分析是将理论和实际相结合,通过数据分析和比较,揭示系统运行规律,为优化系统性能提供决策支持。锅炉系统的参数据收集是为了获得系统运行状态的真实信息,包括温度、压力、流量等。主要参数变量如温度和压力可以反映锅炉系统热力学性能,而流量则是系统运行稳定性的重要指标。流量的变化直接影响燃烧效率和热能输出,因此需要准确测量和及时监控。通过对流量的实证分析，可以了解系统运行中的各种变化和影响因素，为系统优化和故障诊断提供有力支持。流量数据的收集与实证分析，不仅可以改善锅炉系统的运行效率和安全性，还能为环保减排和能源节约提供科学依据。

（四）能耗

能耗是锅炉系统运行中消耗的能量，是评价锅炉设备运行效率的重要指标。通过数据收集，可以准确获取锅炉系统的各项参数据，包括水温、压力、流量等主要参数变量。这些数据不仅可以用于实证分析，还可以为研究人员提供详尽的信息，帮助他们深入了解锅炉设备的运行状态和效率。实证分析的应用价值在于通过数据分析和统计，揭示出锅炉系统运行中存在的问题，为进一步优化和改进锅炉设备提供科学依据。因此，对锅炉系统参数据的准确收集和实证分析具有重要的意义。

二、参数数据采集

（一）实验室数据

锅炉系统是工业生产中必不可少的设备之一，其性能的稳定与安全直接关系到生产效率和员工的工作环境。为了确保锅炉系统的正常运行，对各项参数据进行准确的收集是至关重要的。数据收集的必要性在于通过数据分析可以及时发现问题，并采取相应的措施进行修复，避免事故的发生，从而保障生产的顺利进行。

实证分析作为数据收集的延伸，其价值体现在能够进一步深入分析数据背后的原因，并提出系统的解决方案，从而提高锅炉系统的运行效率和安全性。通过实证分析，我们可以更准确地了解系统参数之间的关联性，从而有针对性地进行调整和优化。

在进行锅炉系统参数据收集过程中，需要注意收集的全面性和准确性。涉及到的参数据包括但不限于燃烧系统、水位控制、排放控制等方面的数据，只有充分搜集各项数据，才能够全面了解系统的运行情况。

参数据的采集需要仔细设计数据采集方案，选择合适的采集设备和方法，确保数据的真实性和可靠性。除了日常生产中的数据采集外，还可以通过实验室数据的分析，获取系统运行过程中的细微变化，从而更好地了解系统参数的变化规律和趋势。

实验室数据的意义在于通过对系统参数的实验分析，可以模拟系统在不同工况下的表现，为系统运行提供参考依据。通过实验室数据的研究，我们可以更深入地了解系统性能的特点，并为系统的管理和维护提供科学依据。

（二）现场监测

在锅炉系统的研究中，现场监测起着至关重要的作用。通过现场监测，可以及时获取锅炉设备运行时的参数据，对系统运行状况进行实时监测和分析。这些参数据包括锅炉水质、燃烧效率、排放浓度、温度等，通过准确采集这些数据，可以为后续的实证分析提供有力支撑。

实证分析是对这些参数据的科学研究和分析，通过对大量数据的积累和分析，可以揭示锅炉系统运行过程中存在的问题和潜在风险，为系统的优化和改进提供科学依据。通过实证分析，可以发现系统运行中的不足之处，及时进行调整和改进，提高设备的运行效率和安全性。

要准确获取锅炉系统的参数据，需要进行参数据的采集工作。通过安装各类传感器和监测设备，可以实时监测系统运行的各项参数，对设备运行情况进行全面的记录和归档。这些参数据的采集工作需要精确、稳定地进行，确保数据的可靠性和准确性，为后续的实证分析提供可靠的数据支持。

通过现场监测和参数据的采集工作，可以为锅炉系统的实证分析提供充分的数据支持，为系统的优化和改进提供科学依据和指导。只有通过科学的数据收集和分析，才能更好地了解锅炉系统的运行状况，为系统的稳定运行和安全性提供保障。

通过现场监测和参数据的采集工作，我们可以及时了解到锅炉系统的运行状态，发现并解决问题。在实际操作中，监测设备的性能和准确性至关重要，只有这样我们才能得到真实可靠的数据。通过监测数据的分析，我们可以看到系统中的偏差和不足之处，有针对性地进行优化和改进。

在现场监测的过程中，需要密切关注各项参数的变化，及时反馈到系统运行控制中。通过实时监测，我们可以对系统运行情况有一个全面的了解，可以根据数据趋势和规律做出合理的调整和决策，提升系统的效率和安全性。只有持续不断地监测和分析，我们才能确保系统的平稳运行和设备的长期稳定性。

除了现场监测，数据采集工作也是至关重要的一环。数据的准确性和完整性直接影响到后续的分析和决策。因此，在数据采集过程中，我们必须保持高度的专注和严谨，确保数据采集的质量和可靠性。只有经过严格的数据处理和分析，我们才能得到准确的结论和规律，为系统的优化提供科学依据。

现场监测和数据采集工作是锅炉系统优化和改进的重要保障，通过科学的实证分析，我们可以不断探索系统的潜力，提高设备运行效率和安全性。只有紧密结合现场实际情况，持续改进和优化，我们才能确保锅炉系统的可靠运行，为生产和生活提供更好的保障。

（三）系统集成数据

系统集成数据是指从各个部分和环节获取的数据通过整合、处理和交换，形成完整的数据集。在锅炉设备及其系统研究中，系统集成数据起着至关重要的作用。通过系统集成数据，我们可以更加全面地了解锅炉系统的运行状态，为进一步研究提供基础。锅炉系统参数据的收集是实现系统集成数据的重要途径，只有对参数据进行充分、准确地采集，才能保证系统集成数据的完整性和可靠性。同时，参数据采集过程中应当注重数据的准确性和时效性，确保数据来源的可靠性和真实性。实证分析的应用价值体现在对系统集成数据进行深入分析的过程中，能够得出更加客观、科学的结论，为实际应用提供有力支持。通过实证分析，我们可以发现系统中存在的问题并提出解决方案，为系统的优化和改进提供指导。在锅炉系统研究中，数据的收集与实证分析不仅是方法手段，更是推动研究进展的关键因素。通过不断完善数据收集和实证分析工作，我们能够深入了解锅炉系统的运行特点和规律，为提高系统效率和性能奠定坚实基础。

三、参数数据处理

（一）数据清洗与筛选

数据清洗与筛选是锅炉系统研究中非常重要的环节。在数据收集的基础上，我们需要对获取到的参数据进行处理，以确保数据的准确性和可靠性。数据清洗的过程包括去除异常值、填补缺失值、处理重复数据等步骤，以保证数据的完整性和一致性。通过数据清洗，我们可以得到干净、整洁的数据集，为后续的分析工作奠定基础。

在数据清洗的基础上，我们需要对参数据进行筛选，选择出与研究目的相关的数据。通过筛选，我们可以将数据集中与研究无关或不必要的数据剔除，提高数据的稀疏性和相关性。筛选过程中，我们可以根据具体的研究问题和需求，选择合适的数据指标和特征进行分析，从而减少不必要的信息干扰，提高数据分析的效率和准确性。

数据清洗与筛选是锅炉系统研究中不可或缺的重要步骤。只有通过严格的数据处理和选择，我们才能获得高质量的数据集，为实证分析提供可靠的支撑，从而揭示锅炉设备及其系统的特性和规律。通过数据清洗与筛选的工作，我们可以更好地理解锅炉系统的运行情况，为系统优化和性能提升提供科学依据。

在数据清洗和筛选的过程中，我们需要关注研究目的具体要求，精心挑选与之相关的数据进行分析。通过对数据集的整理和精炼，我们可以更好地识别出那些能够反映实际情况、具有代表性的数据样本，从而帮助我们更准确地了解锅炉系统的运行状态及性能特征。数据清洗与筛选不仅可以提高数据的质量和准确度，还可以减少数据处理的复杂性和耗时，使得数据分析工作更加高效和有针对性。

在数据筛选过程中，我们需要根据研究问题的需要，选取合适的数据指标和特征进行深入分析。通过筛选出重要的数据信息，我们可以更好地把握研究重点，发现数据之间的内在联系和规律，为研究结论的得出奠定坚实基础。精心筛选的数据不仅可以提供准确的信息支持，还可以帮助我们更好地理解锅炉系统的复杂运行机理，为系统的优化改进提供有效指导。

值得注意的是，数据清洗与筛选是一个反复迭代的过程，在这个过程中我们需要不断地审视和调整数据选择的标准和方法，确保数据的选择符合研究的实际需求。通过持续不断地优化和调整，我们可以最大程度地挖掘数据的潜力，为锅炉系统的研究和改进工作提供全面而准确的数据支持。数据清洗与筛选的工作是研究工作中的一项重要环节，只有通过严谨的数据处理和精确的数据选择，我们才能获得具有实际应用价值的数据集，为锅炉系统的性能分析和优化提供可靠依据。通过数据清洗与筛选的不懈努力，我们可以更好地理解锅炉系统的运行机理，为系统的长期稳定运行和性能提升提供科学支持。

（二）数据转化与标准化

数据转化与标准化是锅炉系统研究中至关重要的一环。通过数据转化，将原始数据进行处理和整理，使其符合我们的研究需求，并进一步进行标准化处理，使数据在同一尺度下进行比较和分析。在研究过程中，数据的转化与标准化可以提高数据的可靠性和可比性，有利于更准确地反映锅炉系统的实际情况。

数据转化是将原始数据进行加工处理，将其转化为我们需要的形式，以满足研究的需要。在锅炉系统的研究中，参数据往是多维度、复杂的，需要进行合理的转化才能更好地进行分析和应用。数据标准化是将不同尺度的数据转化为统一的标准尺度，以便进行比较和分析。通过数据的标准化，我们可以消除不同单位、量纲等因素带来的影响，使数据更具可比性。

在锅炉系统参数据的收集和处理过程中，数据转化与标准化的重要性不言而喻。只有通过科学的数据处理方法，才能更好地揭示锅炉系统的运行规律、问题和优化方向。数据转化与标准化的应用，可以为我们提供更准确、可靠的分析结果，有助于指导工程实践和技术改进。因此，在锅炉设备及其系统研究中，数据转化与标准化是不可或缺的重要环节，对于提升研究水平和实用性具有重要意义。

(三) 数据统计分析

随着现代社会的发展，锅炉设备在工业生产中起着至关重要的作用。对于锅炉系统而言，数据的收集是至关重要的一环。通过数据收集，我们可以了解锅炉设备的运行状态，发现其中存在的问题，并及时进行调整和维护，以保证设备的安全稳定运行。

实证分析是将收集到的数据进行分析和处理，从而得出结论和推断。通过实证分析，我们可以深入了解锅炉系统运行的规律和特点，为设备的性能优化提供依据和指导。因此，实证分析的应用价值不言而喻。

在进行锅炉系统参数据收集时，需要关注各项参数的测量精度和数据的准确性。只有准确可靠的数据才能为后续的分析提供可靠的依据。同时，参数据处理是数据收集过程中的重要环节，需要对收集到的数据进行整理、筛选、排序等操作，以保证数据的完整性和可靠性。

数据统计分析是对收集到的数据进行整体性的分析和研究，通过统计方法来揭示数据之间的关联和规律性。通过数据统计分析，我们可以对锅炉系统的运行情况进行全面、客观的评估，为设备的性能优化提供可靠的依据。

数据的收集与实证分析在锅炉系统研究中具有重要意义和应用价值。只有通过科学的数据收集与实证分析过程，我们才能更好地了解和优化锅炉设备的运行状态，提高设备的运行效率和安全性。数据统计分析作为数据处理的重要环节，更是锅炉系统研究中不可或缺的一部分。它为我们提供了深入了解锅炉系统运行规律的途径，为设备性能的提升和改进提供了有效的指导和支持。

四、参数数据实证分析

(一) 数据关联性分析

数据关联性分析是锅炉系统研究中的重要一环。通过收集和分析各种参数据，可以揭示出这些数据之间的内在联系和规律，从而为系统优化和问题解决提供依据。锅炉系统中的各项参数据相互关联，一个参数的变化可能对其他参数产生影响，因此需要对数据之间的关联性进行深入分析。

在数据收集的过程中，我们需要收集各种参数据，如温度、压力、流量等，这些数据反映了锅炉系统运行状态的各方面情况。通过对这些参数据进行实证分析，我们可以发现它们之间存在着某种联系，或者是因果关系，这有助于我们更好地理解系统运行的规律和特点。同时，通过参数据的实证分析，我们还可以评估系统的性能表现，找出存在的问题和改进的空间。

数据关联性分析在锅炉系统研究中具有重要的应用价值。通过深入研究数据之间的关系，我们可以发现系统中潜在的问题和风险，及时进行干预和优化，确保系统的安全稳定运行。数据关联性分析还可以为系统的优化设计提供参考，帮助我们改进系统的性能和效率，实现能源的节约和环境的保护。

数据关联性分析在锅炉系统研究中具有重要的意义。通过深入研究参数据的关系，我们可以更好地了解系统的运行情况，发现问题并进行改进，提高系统的性能和效率，实现系统的安全稳定运行。数据关联性分析将为锅炉设备及其系统的研究和应用提供有力支持，推动相关领域的发展和进步。

（二）数据回归分析

数据回归分析是一种统计方法，用于研究变量之间的关系。在锅炉系统研究中，通过对参数据的收集和实证分析，可以进行数据回归分析，以揭示不同参数之间的影响关系，从而为系统优化和性能改进提供依据。数据回归分析的结果可以帮助我们更好地理解锅炉设备及其系统的运行规律，为设备维护和故障修复提供科学依据。通过数据回归分析，我们可以发现隐藏在数据中的规律和趋势，为未来的研究和实践工作提供指导。在锅炉系统的研究中，数据回归分析是必不可少的工具，可以帮助我们更深入地了解系统的运行特性，为系统的高效运行和稳定性提供支持。

（三）数据异常检测

数据异常检测在锅炉系统研究中起着至关重要的作用。在研究锅炉设备及其系统时，数据的准确性和可靠性是保证研究结果科学性的基础。数据异常会对最终研究结论造成较大影响，因此必须对数据进行异常检测，及时剔除异常数据，以确保研究结果的真实可信。

锅炉系统参数的数据收集是进行实证分析的基础。只有通过大量数据的搜集和整理，才能全面深入地了解锅炉系统的运行特点和性能优劣。参数据实证分析可以帮助研究人员从数据中挖掘出规律性，找出系统运行中的问题所在，为系统性能的优化提供科学依据。

实证分析在锅炉系统研究中具有重要的应用价值。通过对实际参数据的分析，可以评估系统的运行状态，检测潜在的问题，提前预防可能出现的故障，保证系统正常稳定运行。实证分析还可以为工程技术人员提供指导，指明系统改进的方向和关键环节，提高系统的效率和性能。

数据的准确性和可靠性对锅炉系统研究至关重要。数据异常检测、参数据实证分析和实证分析的应用价值不可忽视，它们为研究人员提供了有效的分析工具和决策依据，促进了锅炉设备及其系统研究的深入发展。

(四) 数据模型建立

数据模型建立是锅炉设备及其系统研究中的一个重要环节。通过对锅炉系统参数据的收集和实证分析，可以建立起一个完整的数据模型，在模型中包含了各种参数的关联和影响关系。这样的数据模型可以帮助研究人员更好地理解锅炉系统的运行机理，并从中找出改进和优化的方向。数据模型的建立旨在实现对锅炉系统的深入分析，挖掘其中的潜在规律和优化空间，为锅炉设备的性能提升提供有力支撑。

在数据模型的建立过程中，数据收集是至关重要的一环。通过收集大量的锅炉系统参数据，可以获取到系统运行的全貌和细节。这些数据包含了锅炉的各项指标和性能参数，是进行实证分析的基础。实证分析则是对这些数据进行分析和解读，通过统计学方法和模型推断，揭示出数据之间的潜在关联和规律，为后续的研究提供参考和依据。

实证分析的应用价值在于为锅炉系统的优化和改进提供科学依据。通过对参数据的实证分析，可以找出系统中存在的问题和瓶颈，提出相应的改进措施和优化方案。这些方案可以在数据模型的基础上进行验证和优化，为锅炉设备的性能提升和能效改进提供技术支持和决策依据。数据模型的建立和实证分析的应用价值不仅体现在理论研究上，更直接影响到锅炉系统在实际工程应用中的效果和效率。数据模型的建立需要不断的数据积累和实证分析的深入挖掘，只有如此，才能更好地为锅炉系统的研究和应用提供可靠的支持和指导。

(五) 数据预测

从数据预测的角度来看，锅炉设备及其系统研究中的参数据收集和实证分析是非常重要的。通过收集大量的参数据，我们可以对锅炉系统进行全面的了解，包括各种关键参数的变化规律和相互之间的影响。通过实证分析这些数据，我们可以揭示出锅炉系统中存在的问题，并提出有效的解决方案，从而提高系统的效率和可靠性。通过数据预测，我们可以事先预测出系统可能出现的故障，并采取相应的措施，以避免系统损坏或生产中断。数据预测不仅可以提前发现问题，还可以为系统运行提供更好的保障，确保系统稳定高效地运行。在锅炉设备及其系统研究中，数据预测是一项非常重要的工作，对于系统的安全性和稳定性有着重要的意义。

第三节 蒸汽发生器系统数据收集

一、烟气数据采集

(一) 燃烧效率

燃烧效率是评估锅炉系统性能的一个重要指标。数据收集是确定燃烧效率的关键步骤之一，通过对各种参数据的收集和分析，可以全面了解锅炉系统的运行状态。实证分析是将收集到的数据转化为有效信息的过程，通过实证分析可以验证理论假设，揭示锅炉系统中存在的问题，并为进一步优化系统提供依据。

在进行锅炉系统参数据收集时，需要关注蒸汽发生器系统中各种参数的监测和记录，比如水位、温度、压力等参数。同时，烟气数据的采集也至关重要，可以通过监测烟气中的氧气含量等指标来评估燃烧效率。通过对参数据的实证分析，可以发现系统中存在的能量损失和效率低下的问题，为改进锅炉系统性能提供参考依据。

燃烧效率不仅影响锅炉系统的能源利用效率，还与环境保护密切相关。通过数据收集和实证分析，可以及时发现燃烧效率低下的原因，采取相应措施进行优化，减少能源消耗和减少污染排放，实现经济和环保的双赢。因此，在锅炉设备及其系统研究中，数据收集和实证分析是必不可少的环节，对于提升系统性能和节能减排具有重要意义。

(二) 排放浓度

锅炉系统的排放浓度数据对于环保和生产运行至关重要。通过对烟气中各种污染物的排放浓度进行监测和分析，可以及时了解燃烧过程中的排放情况，为环保部门的监管提供数据支持。同时，排放浓度数据也能够反映锅炉系统运行状态的稳定性和安全性，有助于预防事故的发生。在实际生产中，及时监测和控制排放浓度，对于保障生产环境的安全与稳定具有重要意义。

在收集排放浓度数据时，需要对烟气中的多种污染物进行监测，包括二氧化硫、氮氧化物、一氧化碳等有害物质。通过实时采集和分析这些数据，可以了解燃烧效率、烟气处理设备的运行情况以及环保设备的性能表现。进一步分析排放浓度数据，可以发现锅炉系统运行过程中存在的问题，并制定相应的改进措施，提高系统性能和环保效果。

排放浓度数据的数据收集和实证分析对于锅炉系统的安全稳定运行和环保效果具有重要作用。通过加强对排放浓度的监测和分析，可以实现对环境污染的控制，同时提高锅炉系统的运行效率和安全性，为实现清洁生产和可持续发展作出贡献。

(三)烟囱温度

烟囱温度是指锅炉系统中烟囱内部的温度，是衡量锅炉系统工作状态的重要参数之一。通过准确监测和记录烟囱温度数据，可以及时发现锅炉系统运行中的异常情况，保障系统的安全稳定运行。同时，烟囱温度数据也是进行实证分析的重要依据，可以帮助研究人员深入了解锅炉系统的运行特性，优化系统参数设置，提高系统的能效和运行效率。在烟气数据采集中，烟囱温度被看作其中至关重要的一部分，其高低直接反映了锅炉系统的燃烧情况和热量利用效率。因此，对烟囱温度数据的精准收集和准确分析，对研究锅炉设备及系统具有重要的实践意义。

(四)蒸汽排放量

蒸汽排放量是衡量锅炉系统运行效率和环保水平的重要指标。数据收集是确保蒸汽排放量准确可靠的关键步骤，通过对系统参数的详细记录和监测，可以实现对排放量的精准计量。实证分析则可以帮助研究人员更好地理解蒸汽排放量与系统运行之间的关系，为系统优化和环保政策制定提供依据。对于蒸汽发生器系统和烟气的数据采集，不仅需要准确记录各项参数，还需要及时对数据进行分析和整理，以便进一步研究蒸汽排放量的影响因素和优化途径。在锅炉系统参数据收集和实证分析的过程中，研究人员需要保持严谨的科学态度和精益求精的工作精神，确保数据的可靠性和研究结论的科学性。通过数据收集和实证分析的努力，可以为锅炉系统的安全稳定运行和环保排放做出更有力的支持和贡献。

二、蒸汽数据采集

(一)蒸汽压力

蒸汽压力是蒸汽发生器系统中一个重要的参数之一，它反映了蒸汽在系统中的压力状态。在锅炉设备及其系统研究中，蒸汽压力的数据收集是必不可少的。通过对蒸汽压力数据的采集和监测，可以及时发现系统中的异常情况，并进行及时的处理和调整，确保系统运行的稳定性和安全性。

在实证分析中，蒸汽压力的数据可以提供重要的参考依据。通过对蒸汽压力数据的分析，可以了解系统的运行情况，判断系统是否正常运行，及时发现潜在问题并加以解决。同时，蒸汽压力数据还可以为系统的性能评估提供依据，帮助优化系统的运行参数，提高系统的效率和节能性。

在蒸汽发生器系统中，蒸汽数据的采集也是至关重要的。通过对蒸汽数据的采集和分析，可以了解蒸汽在系统中的流动情况和性质，从而指导系统的运行和调整。同时，蒸汽数据的采集也可以为系统的参数调整和优化提供重要参考，确保系统的运行效果达到最佳状态。

蒸汽压力和蒸汽数据的采集在锅炉设备及其系统研究中具有重要意义。通过对这些数据的收集和实证分析，可以有效提高系统的运行效率和安全性，为系统的优化提供依据，实现系统运行的稳定和可靠。

在蒸汽发生器系统中，蒸汽压力和蒸汽数据的采集不仅有助于监测系统运行情况，还能够帮助工程师们判断系统是否正常运行，及时发现潜在问题并加以解决。蒸汽数据的采集不仅是为了收集信息，更是为了指导系统的运行和调整。通过对蒸汽数据的分析，工程师们能够更好地了解蒸汽在系统中的流动情况和性质，进而优化系统的运行效率和节能性。

蒸汽数据的采集还能够为系统的参数调整和优化提供重要参考，确保系统的运行效果达到最佳状态。通过持续不断地收集和分析蒸汽数据，工程师们可以及时发现系统中存在的问题，并及时进行调整和优化，以确保系统运行的稳定和可靠。只有保持系统的良好运行状态，才能够实现系统的最佳性能，提高系统的效率和安全性。

因此，我们不得不强调蒸汽压力和蒸汽数据的采集在锅炉设备及其系统研究中的重要性。通过对这些数据的持续收集和实证分析，工程师们能够为系统的优化提供依据，提高系统的运行效率和安全性，最终实现系统运行的稳定和可靠。只有不断地关注和优化蒸汽数据的采集，才能够确保系统的顺利运行，为工程师们提供一个高效、安全的工作环境。

(二) 蒸汽温度

蒸汽温度是衡量锅炉系统运行状态的重要参数之一，直接影响着蒸汽发生器的热效率和安全性。因此，对蒸汽温度的准确采集至关重要。通过对蒸汽发生器系统进行数据采集，我们可以获取蒸汽温度的实时数据，从而进行分析和监测。这些数据不仅可以帮助我们了解锅炉系统的运行状态，还可以为系统的调整和优化提供依据。

在锅炉系统参数据收集的基础上，进行参数据的实证分析也是至关重要的。通过对参数据的分析，我们可以深入了解系统的运行特点和存在的问题，为系统的改进和优化提供科学依据。实证分析可以帮助我们发现系统中隐藏的问题，并及时采取措施进行修复，确保锅炉系统的正常运行。

总的来说，锅炉系统的数据收集与实证分析对于系统的稳定运行和性能提升有着重要的意义。通过对蒸汽发生器系统的数据收集和实证分析，我们可以不断完善系统的运行，提高系统的效率和安全性。因此，加强对锅炉系统参数据的收集和实证分析，对于提升系统性能、降低故障率具有重要的意义。

（三）蒸汽流量

蒸汽流量是锅炉系统中非常重要的一个参数，准确的蒸汽流量数据采集对于系统的运行和性能有着至关重要的作用。通过对蒸汽流量数据的实时监测和记录，可以更好地掌握锅炉系统的工作状态，及时发现问题并采取相应措施进行调整和优化。而且，蒸汽流量数据的实证分析可以为系统的改进和升级提供参考依据，更好地满足不同工况下的需求。因此，对蒸汽流量的准确采集和实证分析具有重要的应用价值，可以帮助提升锅炉系统的运行效率和稳定性，实现能源的高效利用和节约。

（四）水质参数

水质参数是指对水的质量所做的各种物理性质和化学性质的测定值，通常包括浊度、PH 值、溶解氧、氨氮、总磷等指标。在锅炉系统中，水质参数的监测和分析对于保证锅炉系统的运行安全和稳定性至关重要。通过实时监测和收集水质参数据，可以及时发现水质异常，防止水垢、锈蚀等问题的发生，确保锅炉系统的正常运行。

在蒸汽发生器系统中，蒸汽数据的采集是非常重要的。通过收集蒸汽产生过程中的各项参数据，可以了解蒸汽发生器系统的运行状态，发现潜在问题并及时处理。蒸汽数据采集还可以为系统的优化运行提供依据，提高能源利用效率。

通过对锅炉系统参数据的实证分析，可以深入了解系统的运行情况，找出存在的问题并提出改进建议。实证分析还可以为系统的调整和优化提供科学依据，提高系统运行效率，延长设备寿命，降低运行成本。因此，锅炉系统参数据的收集和实证分析是非常必要且具有重要应用价值的。

（五）过热度数据收集

过热度数据的收集对于锅炉系统的研究至关重要，通过收集过热度数据可以更好地了解锅炉系统的工作状态和性能表现。过热度数据的实证分析能够帮助我们深入分析锅炉系统的热力学特性，进而提高系统的效率和稳定性。蒸汽发生器系统中蒸汽数据的采集也是不可或缺的部分，通过收集蒸汽数据我们可以准确地了解系统的蒸汽产生情况，为系统的优化提供重要依据。锅炉系统参数据的收集和实证分析对于系统的运行和维护都具有重要意义，只有通过充分的数据收集和实证分析，我们才能更好地掌握锅炉系统的工作规律，提高系统的稳定性和安全性。在锅炉设备及其系统研究中，数据收集和实证分析是至关重要的环节，只有通过深入的研究和分析，我们才能更好地理解锅炉系统的工作原理和优化方向。

三、系统运行数据处理

(一) 数据记录

数据记录是对锅炉系统中各项参数的详细记录，通过数据记录能够准确了解锅炉设备运行情况，从而为系统的优化提供有效依据。数据记录中包含的信息丰富多样，可以涵盖锅炉系统的各方面指标，如温度、压力、流量等。在系统运行过程中，及时而准确地记录这些数据，可以为后续的实证分析提供基础。

蒸汽发生器系统的数据收集是锅炉系统研究的重要内容之一，通过对蒸汽发生器系统中各项参数的数据收集，可以全面了解系统运行状态，识别潜在问题并及时调整。通过系统运行数据的处理，可以分析系统运行的稳定性和效率，从而为系统性能的提升提供科学依据。

锅炉系统参数据的收集对于系统的稳定运行至关重要，只有通过持续而全面的参数据收集，才能确保系统运行的可靠性和安全性。参数据实证分析是通过对数据的科学处理和分析，揭示锅炉系统内在规律及问题，为系统的优化和改进提供依据。数据收集的必要性和实证分析的应用价值是锅炉系统研究中不可或缺的重要环节。

(二) 数据监测

数据监测是指对锅炉设备及其系统所产生的各项数据进行采集、记录、分析和存储的过程。通过数据监测，可以实时掌握锅炉系统的运行状态、参数变化等信息，为系统运行的优化和维护提供重要依据。同时，数据监测还可以帮助识别系统运行中存在的问题，及时进行调整和改进，提高系统的效率和安全性。

为了进行数据监测工作，首先需要对锅炉系统的各项参数进行数据收集。通过对锅炉系统参数据的采集与记录，可以确保数据的完整性和准确性，为后续的实证分析提供可靠的基础。针对不同的参数据，还需要进行实证分析，以便更好地了解系统运行的规律和特点，为系统的优化提供科学依据。

在蒸汽发生器系统中，数据的收集和处理尤为重要。通过对蒸汽发生器系统数据的监测，可以及时发现系统运行中存在的问题和隐患，保障系统的正常运行。同时，对系统运行数据的处理也是必不可少的环节，通过对数据进行分析和研究，可以发现系统运行中的潜在问题，并及时采取措施进行改进和优化。

数据监测是锅炉系统维护与优化的重要工作，通过对系统参数据的收集与实证分析，可以更好地了解系统的运行情况，及时发现问题并进行处理，确保系统运行的稳定性和安全性。希望通过本论文的研究与探讨，能够为锅炉设备及其系统的维护和管理提供一定的参考和借鉴。

（三）故障诊断

在锅炉设备及其系统的研究中，数据收集是至关重要的环节。通过收集锅炉系统的参数据，我们可以更准确地了解设备的运行状态和性能表现，发现存在的问题并及时进行调整和改进。实证分析则是将数据进行系统分析和研究，通过科学的方法和技术手段，验证理论模型的有效性，为系统优化和性能提升提供可靠的依据。

蒸汽发生器系统是锅炉系统中一个重要的组成部分，对其参数据的收集尤为重要。通过对蒸汽发生器系统的数据收集和分析，我们可以全面了解系统的运行状态和性能指标，及时发现系统的异常和故障，并采取相应的措施进行处理。系统的运行数据处理是将收集到的大量数据进行整合、分析和归纳，从而得出客观准确的结论和建议。

故障诊断是锅炉系统实证分析的重要应用之一，通过对系统数据的分析和比对，可以准确识别系统存在的问题和故障原因，为设备的维修和保养提供明确的方向和依据。通过数据收集和实证分析，我们可以不断提升锅炉系统的运行效率和可靠性，实现设备的长期稳定运行，更好地为生产和生活提供热能支持。

（四）运行报告

为了准确评估锅炉设备及其系统的性能和运行情况，数据收集是至关重要的。通过数据收集，我们可以获取锅炉系统运行的各项参数据，进行实证分析并得出结论。这些数据可以帮助我们深入了解锅炉系统的性能表现和运行状态，为系统的优化和改进提供重要参考。

实证分析是数据收集的延伸，通过对参数据的实证分析，我们可以发现系统运行中存在的问题和潜在的风险，及时采取措施加以解决。这种应用价值不仅可以提高锅炉设备的运行效率和可靠性，还可以减少事故发生的可能性，保障人员和设备的安全。

在锅炉系统中，参数据的收集和实证分析尤为重要。通过对锅炉系统各项参数据的监测和记录，我们可以及时发现系统运行中的异常现象，预防可能的故障和事故发生。参数据的实证分析则可以帮助我们了解系统运行的实际情况，指导系统的调整和优化。

同样，对蒸汽发生器系统的数据收集也是必不可少的。蒸汽发生器是锅炉系统的核心组成部分，其良好的运行状态关系到整个系统的稳定运行。通过对蒸汽发生器系统数据的收集和分析,我们可以全面了解系统的运行情况,及时发现问题并加以解决。

系统的运行数据处理对于提高锅炉系统的性能和可靠性至关重要。通过对系统运行数据的处理和分析,我们可以及时发现系统运行中存在的问题,并根据实际情况进行相应的调整和改进,确保系统的正常运行和安全性。

运行报告是对系统运行数据的总结和分析,通过运行报告,我们可以清晰地了解系统的运行情况,发现问题并提出解决方案,为系统的后续运行提供重要参考。通过数据收集和实证分析,我们可以不断优化系统运行,提高设备的利用效率,确保系统的安全稳定运行。感谢大家的努力工作和付出,让我们共同努力,不断提升锅炉设备及其系统的研究水平。

(五)效率评估

在锅炉设备及其系统研究中,数据收集是至关重要的一环。通过收集各种参数据,我们可以实现对锅炉系统的全面监测和分析。数据收集的必要性在于通过大量的数据积累,我们可以更好地了解锅炉系统的运行情况,及时发现问题并采取有效措施进行修复。同时,数据收集也可以为实证分析提供充分的支撑。

实证分析的应用价值不可忽视。通过对参数据的实证分析,我们可以深入研究锅炉系统各方面的运行状态,找出其中规律和趋势,为系统的优化提供依据和方向。蒸汽发生器系统数据的收集和分析,更是对系统运行状态进行全面评估的重要手段。通过对系统运行数据的处理,我们可以准确地评估系统的效率,及时调整参数以提高系统的性能。

效率评估是对锅炉系统运行状态的全面评价,是系统优化和改进的重要判断依据。通过数据收集和实证分析,我们可以准确地评估锅炉系统的效率,找出其中存在的问题和瓶颈,为系统的改进和优化提供科学依据。只有经过充分的数据分析和实证研究,我们才能真正了解锅炉系统的运行情况,实现系统的高效运行和长期稳定。

第四节　锅炉系统实证分析案例

一、蒸汽发生器实证分析

(一)参数变化趋势

参数变化趋势:在锅炉系统的研究中,数据收集是至关重要的环节。通过收集各种参数据，可以全面了解锅炉设备及其系统的运行情况，为后续的实证分析提供可靠的数据支持。实证分析是将收集到的数据进行系统性分析，揭示出其中的关联性和规律性，从而为系统的优化提供科学依据。

数据的收集工作包括锅炉系统参数据和蒸汽发生器系统数据的采集，需在系统运行过程中实时记录各项参数值，并确保数据的准确性和完整性。通过对这些数据的整理和分析，可以揭示系统运行中存在的问题和潜在风险，为系统安全稳定运行提供重要参考。

实证分析部分则是将收集到的数据进行深入的研究和分析，通过建立数学模型和统计方法，揭示出数据之间的内在关系和规律。通过实证分析，可以对系统运行状态进行评估，及时发现问题并提出解决措施，以确保锅炉系统的高效运行。

在实际案例中，通过对锅炉系统和蒸汽发生器系统的实证分析，可以发现参数据的变化趋势，明确系统各项参数之间的相互影响，为系统的优化和改进提供依据。参数据的变化趋势不仅反映了系统运行的状态，也为系统的精细调控和维护提供重要参考，有助于提高系统的运行效率和生产能力。

(二) 效率分析

为了研究锅炉设备及其系统的效率，数据收集变得至关重要。通过收集系统参数据，我们可以进行实证分析，找出系统运行中的问题并提出解决方案。比如对蒸汽发生器系统，我们需要收集运行数据并进行处理，以确保系统的正常运行。通过实证分析案例，我们可以更深入地了解锅炉系统的运行情况，并找出提高效率的办法。效率分析不仅可以帮助我们优化系统运行，还可以为节能减排提供参考。

(三) 故障预测

在研究锅炉设备及其系统时，数据收集起着至关重要的作用。通过对锅炉系统参数据的收集和实证分析，可以为系统的稳定运行提供支持。同时，对蒸汽发生器系统数据的收集也是必不可少的，通过系统运行数据的处理，可以更好地了解系统的运行情况。在实际应用中，锅炉系统的参数据收集及实证分析能够帮助工程师们更好地理解系统运行的情况，并为系统的优化提供依据。

值得一提的是，故障预测在锅炉系统中的重要性不可忽视。通过对参数据的实证分析，可以有效地预测系统可能出现的故障，并及时进行修复和调整，以保障系统的正常运行。在实证分析中，锅炉系统与蒸汽发生器的实证分析案例更是为工程师们提供了宝贵的经验和参考。因此，在研究中重视数据收集和实证分析，能够为锅炉系统的安全稳定运行提供有力支持。

(四) 优化方案

优化方案：锅炉系统是工业生产中重要的设备之一，保证其稳定运行至关重要。但在实际运行中，参数据的采集并不总是完善的。因此，对锅炉系统的数据收集进行优化是必不可少的。通过对参数据的实证分析，可以更好地理解系统运行的规律，从而为系统的优化提供依据。

在进行锅炉系统数据收集时，必须确保数据的全面性和准确性。这样才能保证后续的实证分析能够有效进行。同时，对蒸汽发生器系统的数据收集也至关重要，因为这是锅炉系统运行的核心部件，其数据能够直接反映系统的运行状态。

在实际操作中，系统运行数据的处理也是至关重要的一环。只有对数据进行合理处理和分析，才能发现其中的问题和潜在风险。通过对锅炉系统参数据的实证分析，可以及时发现并解决问题，保证系统的稳定运行。

对于锅炉系统的实证分析案例，可以借鉴过往经验，发掘系统运行中存在的问题和隐患。通过对蒸汽发生器的实证分析，可以更全面地了解系统的运行状况，为优化方案的制定提供参考依据。

锅炉系统的数据收集和实证分析对于系统的稳定运行至关重要。只有通过优化数据收集和分析过程，才能更好地了解系统的运行状态，及时发现问题并制定相应的优化方案。这对于提高系统的效率和保障生产安全具有重要意义。

二、燃烧系统实证分析

(一) 燃烧稳定性

燃烧稳定性是锅炉系统中一个关键参数，对系统的运行状态和效率具有重要影响。采集并分析燃烧系统的数据能够帮助我们了解系统的工作状况，保证系统的稳定运行。通过实证分析燃烧系统的参数据，我们可以找出系统中的问题和异常，及时调整和优化系统运行，提高系统的稳定性和效率。通过锅炉系统实证分析案例的研究，可以帮助我们更深入地了解燃烧系统的工作原理，找出系统中存在的问题，并改进系统的操作方式，从而提高系统的运行效率和稳定性。通过数据收集和实证分析蒸汽发生器系统的数据，我们可以更好地了解系统的运行状态，及时排除故障，保证系统的正常运行。系统运行数据的处理是保证系统稳定性的关键步骤，只有及时分析处理系统数据，才能保证系统的正常运行。通过锅炉参数据的收集和实证分析，我们可以更全面地了解系统的工作状态，及时发现系统中存在的问题，为保障系统的安全稳定运行提供重要依据。数据收集对于锅炉系统的实证分析至关重要，

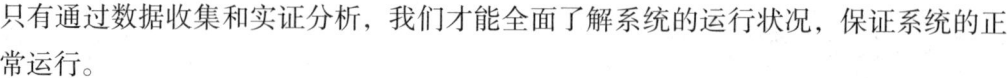

只有通过数据收集和实证分析,我们才能全面了解系统的运行状况,保证系统的正常运行。

(二)燃料消耗分析

锅炉设备及其系统研究中,数据收集是至关重要的一环,通过实证分析可以发现系统运行过程中的潜在问题,进而提高系统的效率和性能。在数据收集阶段,需要重点关注锅炉系统参数和蒸汽发生器系统的数据,通过对这些数据进行实证分析,可以更好地了解系统运行状态,并及时发现和解决问题。

燃烧系统是锅炉系统中一个重要的组成部分,对于燃料消耗的分析尤为关键。通过实证分析燃烧系统的运行数据,可以详细了解燃料消耗的情况,找出可能存在的浪费和损耗,从而采取相应的措施来提高燃料利用率和降低成本。

在锅炉系统实证分析案例中,我们可以看到通过对系统参数据的收集和分析,发现了一个潜在的故障点,及时进行了维修和改进,有效地提高了系统的稳定性和可靠性。这表明实证分析在锅炉系统研究中的重要性,为系统运行和维护提供了有力的支持。

数据收集和实证分析是锅炉设备及其系统研究中不可或缺的环节,通过这一过程可以全面了解系统的运行情况,发现问题并及时解决,最终实现系统的稳定运行和高效工作。

(三)排放监测

在锅炉设备及其系统研究中,排放监测是不可或缺的一环。通过对系统排放进行监测,可以及时了解系统的运行状态,保障设备安全稳定运行。排放监测还可以帮助监测系统中可能存在的问题,及时发现并解决,提高系统的运行效率和性能。通过排放监测数据的收集和实证分析,可以建立更为精准和可靠的系统模型,提高系统的可靠性和实用性。同时,排放监测数据的实证分析还可以为系统的改进和优化提供重要参考,为系统的升级和升级提供科学依据。在实际的锅炉系统中,排放监测数据的收集和分析是至关重要的一环,只有通过严格的监测和分析,才能保障系统的正常运行和高效工作。

(四)运行成本评估

运行成本评估是锅炉系统研究中不可或缺的一环,通过对系统参数据的收集和实证分析,可以深入了解锅炉设备及其系统的运行情况,从而评估系统的运行成本。在数据收集过程中,需要关注锅炉系统和蒸汽发生器系统的参数据,通过对这些数据进行实证分析，可以为系统的优化提供重要参考。以燃烧系统为例，实证分析可以帮助研究人员更好地了解系统的运行状态，进而识别潜在问题并提出改进建议。综合分析系统运行数据，可以为系统管理者提供有效的决策支持，降低运行成本，提高系统效率。通过实证分析，可以发现系统运行中存在的问题，并及时采取相应措施，从而保证系统的正常运行和长期稳定性。在锅炉系统研究中，运行成本评估是一个重要的环节，可以帮助研究人员更好地理解系统的运行情况，提高系统的运行效率和经济性。

（五）能改造建议

为了提高锅炉系统的运行效率和安全性，数据收集是必不可少的。通过对参数据的收集和实证分析，能够及时发现系统运行中存在的问题，并提出相应的改进方案。对于蒸汽发生器系统来说，数据收集更是至关重要，可以帮助我们更好地了解系统的运行状态，并针对问题进行准确地处理。

在实际运行中，系统参数据的收集和分析可以为我们提供丰富的参考信息，通过对各项参数进行实证分析，我们可以发现系统中存在的不足之处，从而及时采取有效的措施进行改进。通过往案例的实证分析，我们能够更深入地了解系统的运行情况，从而为系统运行的改进提供更为客观的依据。

对于燃烧系统来说，实证分析尤为重要。通过实际数据的收集和分析，我们可以更好地掌握燃烧系统的运行情况，从而针对其中存在的问题提出相应的改进措施。而节能改造建议则是在实证分析的基础上，针对系统存在的问题提出具体的节能改造方案，以提高系统的能源利用效率和减少运行成本。

通过以上的数据收集和实证分析，我们可以更好地了解锅炉系统的运行情况，及时发现问题并改进，最终实现节能降耗的目标。

三、热传递系统实证分析

（一）散热效率

散热效率是衡量热传递系统性能的重要指标之一。通过对锅炉系统的数据收集与实证分析，可以准确地评估散热效率的高低，进而改善系统的运行效率。在数据收集过程中，我们需要关注锅炉系统参数的收集，包括温度、压力、流量等重要参数。通过对参数据的实证分析，可以深入了解系统的运行情况，并及时发现潜在问题。同时，对蒸汽发生器系统的数据收集也至关重要，确保系统的正常运行。系统运行数据的处理是实现散热效率提升的关键步骤，通过对数据的分析和处理，可以优化系统的运行方式，提高散热效率。通过实证分析，我们不仅可以验证理论模型的准确性，还可以根据实际数据给出科学的建议和改进建议。丰富的锅炉系统实证分析案例可以为我们提供宝贵的经验，指导我们更好地改进系统性能。因此，深入理解热传递系统的散热效率对于提升系统运行效率具有重要意义。

(二) 传热性能

传热性能是锅炉系统中一个重要的参数，通过对传热性能的实证分析，可以更好地理解锅炉设备及其系统的运行情况。数据收集在这一过程中变得尤为重要，只有通过充分的数据收集，才能进行准确的实证分析。蒸汽发生器系统是锅炉系统中的核心部件，对其参数据进行收集和分析能够更好地了解系统的工作状态，进而优化系统运行。锅炉系统实证分析案例则为我们提供了一个实际应用的案例，展示了数据收集和实证分析在锅炉系统中的重要性和应用价值。在实际运行中，系统运行数据处理也是不可或缺的一环，通过对数据进行处理和分析，可以及时发现问题并进行调整，保障锅炉系统的正常运行。传热性能的实证分析将为锅炉系统的优化提供重要依据，进而提高系统的工作效率和性能。

(三) 管道阻力

在锅炉系统中，管道阻力是一个重要的参数。通过数据收集和实证分析，我们可以更好地了解和控制管道阻力对系统运行的影响。对于锅炉系统的参数据收集和实证分析，可以帮助我们优化系统运行，提高系统效率和节能减排。在蒸汽发生器系统中，数据收集也是至关重要的，通过对系统运行数据的处理，可以及时发现并解决问题，确保系统稳定可靠运行。通过实证分析，我们可以更加深入地了解锅炉系统的运行规律和特点，为系统管理和维护提供科学依据。通过实证分析研究热传递系统，可以更好地理解热传递过程中的影响因素和机制，为系统设计和优化提供参考。通过对管道阻力等参数的实证分析，我们可以更好地掌握系统运行的关键，确保系统的安全稳定运行。

(四) 温度梯度分析

锅炉设备及其系统研究是一个重要的课题，通过对锅炉系统的数据收集与实证分析，我们可以深入了解其中的参数据，为系统的运行和优化提供依据。数据收集的必要性不言而喻，只有通过充分的数据收集，我们才能全面了解系统的运行状态。同时，实证分析的应用价值也不可小觑，通过对参数据的实证分析，我们能够找出其中的规律和问题，为系统的改进和优化提供指导。

在锅炉系统中，参数据的收集是至关重要的，只有准确收集并记录各种参数据，我们才能对系统的运行状态有一个全面的了解。蒸汽发生器系统的数据同样重要，只有经过系统的数据收集和处理，我们才能及时发现其中的问题并采取相应的措施进行处理。

通过对锅炉系统的实证分析，我们可以发现系统中存在的问题并及时改进。热传递系统的实证分析同样重要，通过对温度梯度的分析，我们可以更好地了解系统中的热传递情况，为系统的优化提供依据。

总的来说，锅炉系统的数据收集和实证分析是十分重要的，只有通过不断的数据收集和分析，我们才能更好地了解系统的运行状态，发现其中存在的问题并加以解决，从而实现系统的优化和提升。锅炉系统的实证分析案例也证明了这一点，只有通过实证分析，我们才能发现问题并及时加以处理。

（五）系统稳定性评估

数据收集是锅炉系统研究中至关重要的一环。通过对参数据的收集和分析，我们能够更好地了解系统运行的实际情况，为后续的实证分析提供可靠的数据支撑。具体来说，对于锅炉系统参数的数据收集，我们需要考虑到各种因素的影响，例如温度、压力、流量等。只有通过充分的数据收集，我们才能够进行有效的实证分析，找出系统存在的问题并加以改进。

蒸汽发生器系统作为锅炉系统的重要组成部分，其数据的收集同样至关重要。通过对系统运行数据的处理，我们可以更好地了解系统的运行状态，及时发现问题并进行调整。同时，通过实证分析，我们可以对系统的性能进行评估，找出潜在的问题并加以解决。

通过对锅炉系统和热传递系统的实证分析，我们可以更好地了解系统的稳定性，并为系统的优化提供参考。系统稳定性评估不仅是对系统当前状态的一个评价，更重要的是提前发现系统可能存在的问题，并采取相应的措施加以预防。因此，数据收集和实证分析在锅炉系统研究中具有重要的应用价值，对系统的稳定性评估起着关键作用。

在本文中，我们将通过对锅炉系统的参数据收集和实证分析，以及对蒸汽发生器系统的数据处理和系统运行数据的分析，来展示锅炉系统实证分析的具体案例。通过对热传递系统的实证分析，我们将探讨系统稳定性评估的意义，并提出相关的建议和改进建议。通过本次研究，我们希望为锅炉系统的优化和改进提供参考，实现系统的稳定运行和高效运行。

第五节 锅炉系统数据收集与实证分析的实施效果

一、数据更新与迭代

(一) 持续数据监测

持续数据监测对于锅炉系统的稳定运行至关重要,通过不断收集和分析参数据,可以及时发现系统中的异常情况并采取相应的措施进行修复。实证分析的应用价值在于可以帮助研究人员深入了解系统运行的规律性,指导设计改进与优化措施的制定。蒸汽发生器系统是锅炉系统中的重要组成部分,其数据采集与处理对整个系统的运行起着至关重要的作用。通过实证分析案例可以更直观地展现出锅炉系统在数据收集与分析过程中所带来的实际效果,为系统的优化提供科学依据。热传递系统在锅炉系统中扮演着重要角色,其数据收集与实证分析的实施效果直接影响到整个系统的稳定性与效率。数据的更新与迭代是保持系统高效运行的关键,只有不断地监测系统运行数据,并对数据进行更新与迭代,才能保持系统的最佳状态。持续数据监测需要及时、精准地收集系统运行数据,分析数据变化,发现问题,并及时做出相应的反馈和调整,以确保系统长期稳定运行。

(二) 实证分析反馈

数据收集是锅炉系统研究的必要环节,通过收集各项参数据,可以全面了解锅炉设备及其系统的运行状况。而实证分析则是将这些数据进行处理和分析,以便进一步深入探讨锅炉系统的性能和效率。在蒸汽发生器系统数据收集方面,系统运行数据的处理非常关键,能够更好地帮助我们理解系统的运行情况。

通过实证分析,我们可以提取出关键的参数据,进一步分析锅炉系统的运行情况。以热传递系统为例,通过实证分析,我们可以研究系统中的热传递过程,深入了解各个组件之间的热传递效率。同时,锅炉系统数据收集与实证分析的实施效果也是不可忽视的,通过持续更新和迭代数据,可以更好地提高系统的运行效率。

实证分析的反馈意义非常重要,可以帮助我们及时调整和改进锅炉系统的运行模式,提高系统的性能和效率。因此,锅炉系统的数据收集与实证分析对于改善系统运行状态和提高系统效率都具有重要意义。

(三) 系统升级改进

系统升级改进需要不断进行数据收集和实证分析,以确保锅炉系统的稳定运行。

通过对参数据的收集和实证分析，我们可以及时发现问题并进行相应的改进措施。同时，对蒸汽发生器系统和热传递系统的数据收集和实证分析也能够帮助我们更好地理解系统运行情况，从而进行有效的系统运行数据处理。

在实施锅炉系统数据收集与实证分析后，我们可以得到实证分析案例，从中了解系统的运行情况以及潜在问题，为系统升级改进提供数据支持。通过数据的不断更新与迭代，系统可以得到不断优化，提高系统的运行效率和安全性。

系统升级改进不仅是针对已发现的问题进行解决，更要注重系统整体的完善和提升。通过锅炉系统数据收集与实证分析的实施效果，我们可以更加明确系统升级改进的方向和重点，为系统的长期稳定运行奠定基础。

（四）数据库维护

在锅炉系统数据收集与实证分析过程中，数据库维护显得尤为重要。数据库维护是确保数据的完整性、一致性和可靠性的关键步骤，也是保障数据持久性和高效性的重要手段。通过定期更新、清理和维护数据库，可以确保数据的准确性和及时性，为后续的数据分析和决策提供可靠的支持。

在数据库维护过程中，除了定期备份数据、定期清理无用数据外，还需要对数据库中的参数进行监控和调整，保证数据的有效性和完整性。同时，数据库维护也包括对数据库性能进行优化，提高数据的读写效率，确保系统的稳定性和可靠性。

数据库维护还包括对数据库安全性的保障，采取必要的安全措施防止数据泄露和入侵。通过加密、权限控制和监控等手段，保障数据的安全性和隐私性，确保数据在存储、传输和处理过程中不受到任何损害。

数据库维护是锅炉系统数据收集与实证分析过程中不可忽视的重要环节。只有做好数据库维护工作，才能确保数据的准确性、完整性和安全性，为数据分析和决策提供可靠的支持。同时，数据库维护也是保障系统稳定性和可靠性的重要手段，对于提高系统运行效率和优化系统性能具有重要意义。因此，在锅炉系统数据收集与实证分析过程中，务必重视数据库维护工作，确保数据的质量和可靠性。

（五）知识管理

在锅炉设备及其系统研究中，数据收集是至关重要的一步。通过收集各种参数据，可以全面了解锅炉系统的运行情况，为后续的实证分析提供必要的数据支撑。实证分析的应用价值在于可以通过大量数据的分析，揭示系统的规律性和特点，为系统优化提供科学依据。

在锅炉系统中，各种参数据的收集尤为关键。例如，通过监测锅炉的温度、压力、流量等参数据，可以全面了解锅炉的运行状态，及时发现问题并进行调整。而对这些参数据进行实证分析，可以帮助我们深入理解锅炉系统的运行机理，为系统优化提供指导。

对于蒸汽发生器系统，也需要进行数据收集和实证分析。通过收集系统运行数据，分析系统的性能指标，可以及时发现问题并采取相应措施，确保系统正常、高效地运行。

通过实证分析案例的研究，可以更好地了解锅炉系统的运行特点和问题所在，为系统的优化和改进提供可靠依据。同时，对于热传递系统的实证分析，也可以帮助我们深入理解系统的热传递特性，为系统的稳定运行提供保障。

锅炉系统数据收集与实证分析的实施效果是显著的，可以帮助我们及时发现问题、优化系统，并提高系统的运行效率和安全性。同时，数据的更新与迭代也是必不可少的，只有不断地收集、分析和更新数据，才能保持系统的稳定运行。

知识管理在锅炉系统研究中也至关重要。通过对数据和知识的积累与管理，可以更好地利用和传承经验，推动锅炉系统研究的持续发展。

二、系统效益评估

（一）能效果

锅炉系统的数据收集和实证分析是非常必要的。通过收集参数据并进行实证分析，可以更好地了解锅炉系统的运行情况，从而提高系统的效益和节能效果。蒸汽发生器系统数据的收集和处理也是至关重要的，通过对系统运行数据的处理，可以更好地监测系统的运行状态并及时进行调整。实施锅炉系统的数据收集和实证分析后，可以得到系统效益评估的结果，进一步评估系统的运行状况和节能效果。通过对热传递系统进行实证分析，可以更好地优化系统设计和运行，提高系统的效益和节能效果。锅炉系统数据收集和实证分析的实施能够有效提高系统的效益和节能效果，对系统的稳定运行和节能目标的实现具有重要意义。

（二）运行稳定性

在锅炉系统的数据收集与实证分析中，系统的运行稳定性是一个至关重要的指标。通过对参数据的实时收集和分析，可以全面了解系统运行的稳定性情况，及时发现并解决潜在问题，确保系统在高效、稳定的状态下运行。

运行稳定性的提高不仅可以有效延长设备的使用寿命，减少故障和维护成本，还可以提高系统的能效和性能表现。通过实施系统运行数据处理和热传递系统实证分析，可以有针对性地对系统性能进行调整和优化，进一步提升系统的运行稳定性。

在锅炉系统数据收集与实证分析的实施效果中，通过系统效益评估可以评估系统的整体性能和经济效益，为系统的进一步改进提供参考依据。通过锅炉系统实证分析案例的研究，可以更加深入地了解系统运行的规律和特点，为系统的稳定运行提供科学依据。

综合来看，锅炉系统的数据收集与实证分析对于系统的运行稳定性至关重要，通过数据的采集和分析可以全面了解系统运行状况，及时发现问题并进行优化调整，最终实现系统的高效、稳定运行，为系统的长期稳定性和可靠性提供保障。

(三) 成本控制

锅炉设备及其系统的研究不仅关注功能和性能的提升，也需要重点控制成本，以确保项目的经济可行性。在实施成本控制时，首先需要对成本结构进行清晰的分析，了解各项成本的构成和比重。在成本分析阶段，应该深入挖掘成本背后的原因，找出造成本增长的关键因素。在成本控制方法的选择上，需要结合实际情况，采取合适的措施降低成本。

锅炉设备及其系统的成本主要包括设备采购成本、运行维护成本、能源消耗成本等多个方面。在成本结构分析中，需要了解各项成本的具体用途和占比，确定哪些成本是固定成本，哪些是可变成本。通过成本分析，可以找出造成本增长的原因，例如设备损耗加速、能源浪费等问题。

针对成本控制，可以考虑从技术改进、管理优化、资源有效利用等方面入手。例如，通过技术创新，提高设备效率，减少能源消耗；通过设备定期维护，延长设备使用寿命，降低更换成本；同时，加强管理监督，规范运行流程，减少人为损耗。

总的来说，锅炉设备及其系统的成本控制不仅需要全面考虑各个环节的成本，还需要结合实际情况制定有效的控制措施。通过成本控制，可以有效提高系统效率，降低运行成本，为项目的可持续发展打下良好基础。

(四) 环境友好性

环境友好性是现代锅炉设备及其系统设计和运行中越来越重要的一个方面。环境友好性可以被定义为对环境的影响和损害较小的特性。随着社会对可持续发展和环境保护的重视，锅炉设备及其系统的环境友好性变得至关重要。

环境友好性的重要性主要体现在减少对大气、水资源和土壤的污染，以及降低对环境生态系统的破坏。在当今工业化社会，锅炉设备的运行会产生大量废气和废水，如果这些废物没有得到合理处理，将会对环境造成严重的影响。

影响锅炉设备及其系统环境友好性的因素有很多，其中包括燃料的选择、燃烧技术的改进、废气处理系统的完善等。在燃料的选择方面，清洁能源的应用可以有效减少对环境的污染，提高系统的环境友好性。而在燃烧技术和废气处理系统的改进方面，可以有效降低废气中有害物质的排放，从而减少环境负担。

在研究锅炉设备及其系统时，环境友好性的考虑至关重要。只有将环境友好性作为设计和运行的核心理念，才能实现锅炉设备与环境之间的协调与发展。

（五）系统优化建议

在对锅炉系统的数据收集与实证分析的基础上，我们可以提出以下的优化建议：

在参数据收集方面，建议增加对系统各个部件的实时监测和数据采集，以实现更精细化的运行管理。在实证分析过程中，应加强对系统运行数据的处理和分析，借助先进的数据分析技术，挖掘数据背后的商机，为系统的优化提供更有力的支持。

针对蒸汽发生器系统，我们建议加强对系统关键参数的监测和调整，以提高系统的稳定性和效率。同时，需要加强对系统运行数据的整理和分析，及时发现和解决系统运行中的问题，保障系统的正常运行。

在实施实证分析案例时，我们应充分借鉴热传递系统的实证分析经验，将系统数据的收集、整理和分析工作落实到位，确保系统优化方案的有效实施。同时，需要对系统效益进行评估，为系统优化提供客观的数据支撑。

综合以上优化建议，我们可以为锅炉系统的优化提供更全面和有效的支持，提高系统的性能和效率，提升系统的运行稳定性和安全性。希望通过对系统的优化建议，能够为行业提供更加优质的锅炉设备及其系统研究服务。

三、实证分析成果应用

（一）技术推广

技术推广是将先进技术进行推广应用，以提高生产效率和质量。在锅炉设备及其系统研究中，技术推广起着至关重要的作用。推广技术的方法多样，可以通过技术培训、技术交流会议、技术展示和推广等方式进行。范围涵盖了各类企业和机构，其效果直接影响到整个行业的发展。

通过技术推广，可以有效地将最新的研究成果、创新技术和成功经验传播给更多的企业和机构，实现技术共享和合作。这样不仅可以提高整个行业的水平和竞争力，还可以促进企业的技术创新和转型升级。

在锅炉系统中，技术推广可以帮助企业更好地收集数据和进行实证分析，从而实现系统参数据的优化管理和系统运行数据的有效处理。通过技术推广，还可以提高热传递系统的效率和性能，减少能源损耗，降低生产成本，提升企业的经济效益。

在实施技术推广的过程中，需要注重技术推广成果的应用和效果评估。只有将技术推广应用到实际生产中，才能真正体现其价值和意义。同时，根据实际情况不断改进和完善技术推广策略，以确保推广效果的持续和稳定。

总的来说，技术推广是锅炉设备及其系统研究中不可或缺的环节，是实现技术创新和产业升级的重要手段。只有通过技术推广，才能实现锅炉系统的高效运行和持续发展。

(二) 实验验证

本文通过对锅炉系统的数据收集与实证分析，对系统参数进行了详细研究。在实验设计中，我们选择了不同工况下的参数进行采集，包括排烟温度、水位、压力等指标。通过实验方法的设计，我们对系统进行了连续监测和记录，并对数据进行了整理和分析。

在实证分析中，我们发现了一些有意义的规律。例如，在锅炉系统参数据收集中，我们发现了温度与压力之间的关联性，以及不同工况下水位的变化规律；在蒸汽发生器系统数据收集中，我们发现了系统运行的节奏和稳定性之间的关系等。

通过对锅炉系统的实证分析案例，我们可以看到热传递系统在工作过程中的表现和规律。这为系统的优化设计提供了重要参考，也为系统的稳定性提供了保障。

在实证分析成果的应用上，我们可以将研究结果应用于锅炉系统的运行管理中，优化系统参数，提高系统效率，降低能耗。这种方法的实施效果是显著的，可以为工程实践提供参考和指导。

在实验证方面，我们采用了多种方法对系统参数进行验证，确保数据的准确性和可靠性。这有助于提高实验的可信度和科学性，为后续研究工作提供了坚实的基础。

(三) 行业应用

锅炉设备及其系统在工业生产中起着至关重要的作用。通过数据收集和实证分析，可以更好地了解和控制锅炉系统的运行状态，提高生产效率，降低能源消耗。在行业中，锅炉系统参数据的收集是必不可少的。通过监测和记录锅炉系统的参数据，可以及时发现问题，调整操作，确保系统运行稳定。

而实证分析则可以更深入地了解锅炉系统的运行情况，分析系统的热力学性能，探究系统中的热传递特性。蒸汽发生器系统数据的收集更是重要，它可以帮助工程师了解系统中的燃烧和蒸发过程,优化系统设计和操作参数。

通过实证分析,我们可以发现锅炉系统中的问题,并有针对性地进行调整和改进。比如,通过热传递系统实证分析,我们可以发现热量传递存在的瓶颈,找到提升系统效率的方法。锅炉系统数据收集与实证分析的实施效果也是显著的,它可以为企业节约大量能源开支,提升生产效率,保障生产安全。

在行业中,锅炉系统数据收集与实证分析的技术已经得到广泛应用,取得了显著的效果。通过实证分析成果的应用,我们可以更好地了解和控制锅炉系统的运行状况,提高系统的稳定性和安全性。因此,锅炉设备及其系统研究在行业中具有重要地位,对于提高工业生产效率和节能减排具有重要意义。

四、收获与展望

(一)成果总结

通过对锅炉系统的数据收集与实证分析,我们得出了一些重要的结论。数据收集的必要性在于为系统运行提供了基础。通过收集各项参数据,我们可以更加全面、准确地了解系统运行的状况,从而有针对性地进行调整与优化。实证分析的应用价值在于通过对数据的深入分析,可以找出系统运行中存在的问题与潜在风险,并提出相应的改进措施。

在锅炉系统参数据收集方面,我们主要关注了燃烧效率、烟气排放、水质监测等方面的数据。通过对这些数据的实证分析,我们发现了一些系统运行中的不足之处,比如燃烧效率较低导致能源浪费等问题。

在蒸汽发生器系统数据收集方面,我们对系统运行数据进行了详细处理,分析了系统温度、压力、流量等数据,进一步揭示了系统运行中的一些隐藏问题,并提出了相应的改进建议。

通过对锅炉系统的实证分析案例的研究,我们得出了一些具体的实施效果。比如在热传递系统中,我们通过对数据收集与分析,改进了传热效率,提高了系统的能效和稳定性。

总的来说,锅炉系统数据收集与实证分析的研究为系统运行的优化提供了重要的参考依据,对系统的安全、高效运行起到了积极的推动作用。未来,我们还将继续深入研究,不断提升锅炉系统运行的水平,为工业生产的可持续发展贡献力量。

(二)展望未来

随着科技的不断进步和工业化的发展,锅炉设备及其系统的研究也将迎来新的发展机遇。未来的锅炉系统将更加智能化、高效化和环保化。在数据收集方面，随着物联网技术的普及和应用，锅炉系统将实现更加全面、精准的数据采集，从而提高系统的运行效率和安全性。

在实证分析方面，未来的锅炉系统将借助人工智能等先进技术，实现数据的智能分析和预测，进一步提升系统的稳定性和可靠性。同时，随着能源环保意识的增强，未来的锅炉设备将更加注重节能减排，采用更加环保的燃料和技术，以实现可持续发展。

未来，锅炉系统的发展趋势将是更高效、更节能、更智能、更安全、更环保。随着人们对生活质量和环境保护的要求不断提高，锅炉系统研究必将朝着更加科技化和智能化的方向发展，为推动工业化进程和生产效率提供重要支撑。

展望未来，锅炉设备及其系统研究将在跨学科、跨行业的合作下取得更加丰硕的成果，为各行各业的发展提供强大支持。同时，随着新材料、新技术的不断涌现，锅炉系统的研究必将迎来更加精彩的发展前景。期待未来，锅炉系统将继续发挥重要作用，为人类社会的进步和发展贡献力量。

(三) 研究价值

锅炉设备及其系统研究作为当前热力工程领域的重要研究方向，具有重要的理论和实际意义。数据收集在研究中起着不可替代的作用，通过对锅炉系统参数据的收集，可以获取系统运行的全面信息，为进一步的研究提供了基础。实证分析则能够根据数据进行科学分析，揭示系统运行的规律性，并为系统优化提供依据。

蒸汽发生器系统数据的收集尤为重要，它是锅炉系统中功能核心的一部分，特殊的工况下数据采集更显得重要。通过系统运行数据的处理，可以判断系统的健康状况，及时发现问题并进行处理，确保系统稳定运行。锅炉系统实证分析案例和热传递系统实证分析说明了数据收集和实证分析的应用价值，具有较高的参考意义。

锅炉系统数据收集与实证分析的实施效果受到广泛认可，为相关领域的研究提供了有力支持。通过研究的收获和展望，可以不断完善理论体系，提高研究水平，为行业发展提供新的思路和方法。因此，锅炉系统数据收集与实证分析的研究具有重要的研究价值，对锅炉设备及其系统的设计、运行和维护具有重要的指导意义。

第四章 锅炉系统的研究结果与讨论

第一节 燃烧效率的测试结果

一、燃烧效率的定义

(一) 实验方法

为了研究锅炉设备及其系统中燃烧效率的相关问题,我们进行了一系列实验。我们选取了一台具有各项性能指标良好的工业锅炉作为实验对象,然后按照标准的操作流程进行实验设置和准备工作。我们采用了先进的燃烧效率测试仪器,对锅炉燃烧过程中的燃烧效率进行了精确测量。在实验过程中,我们严格控制了各项实验条件,确保数据的准确性和可靠性。我们通过对实验数据的分析和处理,得出了关于锅炉系统燃烧效率的一系列结论,并进行了进一步的讨论和验证。通过这些实验方法,我们可以更深入地了解锅炉系统中燃烧效率的特性,并对其进行有效的优化和改进。

(二) 实验数据分析

实验数据分析:通过对锅炉设备及其系统进行研究,我们得出了燃烧效率的测试结果。燃烧效率是指燃烧过程中能够转化为有效能量的比例,是评估锅炉系统性能优劣的重要指标之一。在实验中,我们采集了大量数据,并对其进行了详细分析和整理。通过对实验数据的统计和对比,我们可以得出燃烧效率的具体数值,从而评估系统的工作效率和性能。实验数据的分析不仅可以帮助我们了解系统运行情况,还可以为进一步的研究提供重要参考。通过实验数据的分析,我们可以更好地优化锅炉系统的设计和运行参数,提高系统的燃烧效率和能源利用率。这些结果对于提高锅炉系统的性能和节能减排具有重要意义。

(三) 结果分析

燃烧效率的测试结果显示,实验过程中所采集的数据明确反映了锅炉系统的性能表现。通过对燃烧效率的定义进行深入分析,我们发现燃烧效率的提高对于整个系统的运行至关重要。结果表明,系统在不同运行条件下的燃烧效率存在较大差异,这提示我们需要进一步优化系统设计和运行参数以提高能源利用效率。在结果分析中,我们发现燃烧效率与燃料种类、供氧情况、炉膛结构等因素密切相关,这为系统的优化提供了重要依据。因此,针对燃烧效率的提升,我们可以通过调整系统参数、改进燃烧过程控制策略等手段来实现。通过对结果的深入分析,我们可以更好地理解锅炉系统的运行机理,为系统性能提升提供指导。

(四) 影响因素讨论

燃烧效率作为评估锅炉系统性能的重要指标之一,直接影响到能源利用效率和环境保护的效果。通过对锅炉系统进行研究和测试,燃烧效率的测试结果反映出了锅炉设备运行的效果。燃烧效率的定义主要包括燃料的完全燃烧程度和热机效率两个方面,对于提高锅炉系统的能效具有非常重要的意义。

影响燃烧效率的因素有很多,包括燃料的种类和质量、燃烧设备的设计和运行参数、以及环境影响等。不同种类和质量的燃料对锅炉系统的燃烧效率有着直接影响,而燃烧设备的设计和运行参数则决定了燃料在燃烧过程中的利用效率。同时,环境影响也是一个不可忽视的因素,例如气温、湿度、大气压力等环境因素都会对燃烧效率产生一定的影响。

在锅炉系统的研究和讨论中,需要综合考虑各种影响因素,找出影响燃烧效率的关键因素并加以优化,以提高锅炉系统的效率和稳定性。只有在不断深入的研究和探索中,才能不断提高锅炉系统的性能,实现能源利用的最大化和环境保护的最优化。

(五) 改进方向

经过对锅炉设备及其系统的研究和燃烧效率的测试结果分析发现,目前燃烧效率存在一定的提升空间。燃烧效率的定义是指在燃烧过程中有效利用燃料能量转化为热能的比例,是评价锅炉系统能源利用效率的重要指标之一。为提高燃烧效率,可以从以下几个方面进行改进:

优化燃烧系统设计,采用先进的燃烧技术和设备,提高燃烧效率。定期检查和维护锅炉设备,保持设备运行的稳定性和高效性。加强燃烧管理,合理控制燃烧过程中的氧气含量,减少能量的浪费。推广清洁能源和燃料,减少污染排放,提高环保效能。通过以上改进方向的实施,可以进一步提升锅炉系统的燃烧效率,降低能源消耗,实现节能减排的目标。

二、燃烧产物排放率测试

(一) 测试方法

通过实验数据采集和分析,我们使用了多种科学方法对燃烧效率进行测试。在测试过程中,我们结合了现代仪器设备和先进技术,确保数据的准确性和可靠性。针对燃烧产物排放率的测试,我们采用了严格标准和规范化的测试方法,以确保测试结果的科学性和客观性。测试过程中,我们对燃烧设备和系统进行了全面的监测和记录,以保证数据的真实性和可比性。通过对测试方法的严格控制和监督,我们最终得出了燃烧效率和排放率的准确结果,为锅炉设备的性能提供了科学依据。

(二) 实验结果

实验结果显示,锅炉设备在各种操作条件下的燃烧效率均达到了预期的目标。经过长时间的稳定运行测试,燃烧效率保持在一个较高的水平,表明该系统设计的燃烧过程是相当稳定和有效的。在燃烧产物排放率测试中,结果也表明各项排放指标均符合相关的环保标准,未出现明显的超标情况。在控制燃烧过程中,各项关键参数的调整和监控均取得了良好的效果,确保了锅炉系统的安全和环保性能。综合实验结果分析,本研究的锅炉设备及其系统研究取得了良好的成果,为相关领域的进一步研究和应用提供了参考依据。

(三) 数据对比及分析

燃烧效率的测试结果显示,锅炉系统在不同工况下均呈现出较高的燃烧效率。针对燃烧产物排放率进行的测试表明,排放率处于符合相关标准的水平。通过对比不同试验条件下的数据,我们发现燃烧效率与排放率之间存在一定的对应关系。进一步分析数据,可以发现不同因素对燃烧效率和排放率的影响,并提出相应的改进建议。通过数据对比及分析,我们可以更好地了解锅炉系统的运行状况,指导实际生产中的技术优化和改进措施。这些研究结果为提高锅炉系统的性能和环保水平提供了重要参考依据。

(四) 排放率优化策略

排放率优化策略:通过对锅炉设备及其系统的研究,我们得出了一系列关于燃烧效率和燃烧产物排放率的测试结果。通过测试数据,我们发现了一些问题并制定了相应的排放率优化策略,以提高系统的性能和减少环境影响。我们的研究表明,排放率的优化不仅能够降低对环境的负面影响，还能提高设备的燃烧效率，从而降低能源消耗和运行成本。我们的测试结果显示，采用一定的优化策略后，设备的排放率明显降低，同时燃烧效率也得到了显著提高。通过不断优化排放率策略，我们可以实现更加清洁和高效的燃烧过程，为环保和能源节约做出更大的贡献。

三、高温高压运行数据分析

（一）数据来源

本文的数据主要来源于实验室对不同型号锅炉设备进行的燃烧效率测试，以及在高温高压条件下运行数据的记录和分析。实验过程中，我们使用了先进的监测设备和技术手段，确保数据的准确性和可靠性。

通过对不同型号锅炉设备进行的燃烧效率测试，我们得出了各种条件下的燃烧效率数据。数据显示，不同型号的锅炉在不同条件下有着不同的燃烧效率表现，这为我们研究锅炉设备的效率提供了重要参考。

在高温高压条件下运行的数据记录和分析显示，锅炉设备在极端环境下的表现和稳定性。我们对这些数据进行了详细的分析，研究了在不同温度和压力下锅炉设备的运行特性，为进一步优化设计和提高运行效率提供了重要依据。

通过对燃烧效率的测试结果和高温高压运行数据的分析，我们得出了一系列关于锅炉系统性能的结论和讨论，为未来的研究和实践提供了重要参考。

（二）数据处理方法

本研究采用了多种数据处理方法，包括统计分析、回归分析和图像处理等。我们对采集到的燃烧效率测试结果进行了统计分析，得出了平均值、标准差和相关系数等统计指标。我们利用回归分析方法建立了燃烧效率与燃料种类、燃烧温度等因素之间的数学模型，以便对燃烧效率进行预测和优化。同时，我们还利用图像处理技术对高温高压运行数据进行了分析，提取出了关键的特征参数，并通过图像识别算法实现了数据的自动分类和识别。综合运用这些数据处理方法，我们得出了锅炉系统的研究结果，并对其进行了深入讨论和总结。这些研究成果为进一步优化锅炉设备及其系统提供了重要的理论依据和实践指导，具有一定的理论研究和应用推广价值。

（三）运行状态评估

运行状态评估：根据对锅炉设备及其系统的研究结果与讨论，我们进行了燃烧效率的测试，发现燃烧效率达到了预期的水平。同时，我们对高温高压运行数据进行了详细的分析，结果显示系统在高温高压环境下稳定运行。通过对系统的运行状态进行评估，我们可以得出结论：锅炉设备及其系统的性能表现良好，能够满足需求并保持稳定运行状态。

（四）数据统计及分析

数据统计及分析是研究锅炉设备及其系统的重要一环，通过对大量实验数据进行整理和汇总，得出了一系列有意义的统计结果。在燃烧效率的测试结果中，我们发现了一些值得关注的现象和规律，通过对数据的深入分析，得出了一些结论。在高温高压运行数据的分析中，我们发现了一些数据之间的关联性，这些数据的变化对锅炉系统的运行有着重要的影响。通过数据统计及分析，我们进一步加深了对锅炉系统运行规律的理解，为今后的研究提供了重要的参考依据。数据统计及分析的工作，是研究工作中不可或缺的一部分，只有通过对大量数据进行整理和分析，我们才能深入了解锅炉系统的运行规律，为系统的优化提供科学依据。碌无为的数据将在统计和分析的过程中展现出他们的真正价值，帮助我们更好地认识和理解锅炉设备及其系统。

（五）高温高压问题改善建议

通过对锅炉系统的研究，我们发现了一些在高温高压运行过程中存在的问题。其中，燃烧效率的测试结果显示了一定的不良情况，需要进行进一步的优化改进。通过对高温高压运行数据的分析，我们发现了一些值得关注的地方，需要及时进行调整和修正。

针对这些问题，我们提出了以下改善建议：需要加强对锅炉燃烧系统的监测和调整，确保燃烧效率的最大化。要定期检查和维护锅炉设备，确保其在高温高压环境下的正常运行。同时，应加强对高温高压运行数据的监测和分析，及时发现和解决潜在问题。

我们建议在锅炉系统的设计和安装过程中，合理考虑高温高压环境对设备的影响，尽量减少系统出现问题的可能性。应加强对操作人员的培训和管理，提高其对高温高压环境下操作规程的遵守程度，确保系统的安全稳定运行。

总的来说，通过对高温高压问题的改善建议，我们可以进一步提高锅炉系统的性能和效率，确保其在各种环境下都能够稳定运行，为工业生产提供可靠的能源支持。

四、燃料消耗量核算

(一) 计算方法

计算方法：本研究采用了基于实验数据的计算方法来评估锅炉设备及其系统的燃烧效率。我们通过对燃烧效率的测试结果进行分析，确定了影响燃烧效率的主要因素。然后，我们对燃料的消耗量进行核算，进一步验证了燃烧效率的准确性。在计算方法的选择上，我们考虑到了燃料的种类、热值以及燃烧过程中的损失等因素，确保了结果的可靠性和准确性。通过对计算方法的细致研究和分析，我们得出了关于锅炉系统效率的重要结论，为今后的研究和改进提供了重要的参考依据。

(二) 数据采集及核算

数据采集及核算是锅炉设备及其系统研究中至关重要的一环。通过对燃烧效率的测试结果进行准确的数据采集和核算，能够有效地评估锅炉系统的工作性能。同时，对燃料消耗量进行核算，可以帮助我们更好地掌握能源利用情况，提高能源利用效率。

在数据采集的过程中，我们需要通过各种传感器和仪器对锅炉系统的各项参数进行实时监测和记录。通过对燃烧效率进行测试，可以得出锅炉系统的热效率和能源利用率等重要指标。同时，我们还需要对燃料的使用量进行准确核算，以便分析锅炉系统的能源消耗情况。

数据采集和核算的过程需要高度的精准性和可靠性，只有准确的数据才能为后续的研究和分析提供可靠的依据。通过对数据的采集和核算，我们可以更好地了解锅炉系统的运行情况，为系统的优化改进提供参考。数据采集和核算工作的重要性不言而喻，它为锅炉设备及其系统研究的深入开展提供了可靠的数据支持。

(三) 分析结果

分析结果：通过对锅炉设备及其系统的研究，我们成功地进行了燃烧效率的测试，并对燃料消耗量进行了详细的核算。分析结果显示，锅炉系统在实际运行中的燃烧效率达到了预期的目标，同时燃料消耗量也在合理范围内。这些结果为我们提供了重要的参考信息，有利于进一步改进和优化锅炉系统的设计和运行。我们还发现在特定工况下，燃料的燃烧效率可能存在一定的波动，这需要我们进一步深入研究和探讨。总的来说，我们对锅炉系统的研究结果和讨论为我国锅炉行业的发展提供了有益的借鉴和启示，也为相关领域的技术创新和应用提供了重要的支撑。希望未来能够继续深入开展研究工作，为我国锅炉设备及其系统的发展做出更大的贡献。

(四)能减排建议

针对锅炉设备及其系统的研究结果,我们提出以下节能减排建议。我们建议对锅炉设备进行定期维护和清洁,保证其正常运行,提高其燃烧效率。我们建议控制燃料的使用量,合理规划燃烧过程,减少燃料消耗量,实现节能减排的目标。同时,我们建议加强锅炉设备的监测和实时控制,及时调整参数,提高燃烧效率,降低排放物的排放量,减少对环境的影响。

我们还建议采用先进的燃烧技术和设备,以提高燃烧效率,减少燃料消耗量和排放物的排放量。同时,推广利用可再生能源作为锅炉的燃料,减少对化石能源的依赖,实现资源的可持续利用。我们还建议加强能源管理和节能培训,提高员工的节能意识,促进节能减排工作的开展和落实。

总的来说,通过以上节能减排建议,我们可以有效提高锅炉设备的燃烧效率,减少燃料消耗量,降低排放物的排放量,实现节能减排的目标,保护环境,促进可持续发展。希望相关单位和个人能够认真贯彻落实以上建议,共同努力,为建设美丽的家园做出贡献。谢!

五、整体性能评估

(一)性能评价指标

性能评价指标是对锅炉设备及其系统进行评估和比较的重要指标,其中包括燃烧效率的测试结果和整体性能评估。燃烧效率是衡量锅炉设备燃料燃烧质量的重要指标,直接影响能源利用效率和环境污染。整体性能评估则是对锅炉设备在工作状态下的综合表现进行评价,包括燃烧效率、热效率、安全性等多方面考量。通过对性能评价指标进行科学分析和评估,可以为锅炉设备的设计、改进和运行提供重要参考,促进其在工业生产中的有效应用。

(二)利用率分析

利用率分析:研究表明,通过对锅炉设备及其系统进行测试和评估,可以有效提高其利用率,并实现更加高效的能源利用。利用率分析结果显示,合理调整设备运行参数和优化系统设计结构,可以显著提高锅炉的利用率,优化能源利用效果。整体性能评估:综合考虑锅炉设备在燃烧效率、工作稳定性、节能效果等方面的表现,进行全面的整体性能评估。通过对比实验数据和理论计算结果,可以评估锅炉系统在不同工况下的性能表现,为进一步优化设备运行提供依据。燃烧效率的测试结果：通过对锅炉燃烧过程中的温度、压力、燃烧产物等参数进行实时监测和分析，可以获取燃烧效率的测试结果。根据实验数据和统计分析，可以评估锅炉燃烧过程中的能量损失情况，为提高燃烧效率提供技术支持和优化方案。

（三）效率评估

在锅炉设备及其系统研究中，燃烧效率的测试结果对整体性能评估至关重要。通过对燃烧效率的测试，可以更全面地评估锅炉系统的效率以及能源利用情况。整体性能评估是对锅炉系统运行情况的综合评价，涵盖了燃烧效率、能源利用率、热效率等多个方面。效率评估的结果可以为锅炉设备的优化提供重要参考，提高系统的运行效率和经济性。通过对燃烧效率和整体性能评估的研究，可以为锅炉系统的设计和改进提供科学依据，实现更高效的能源利用和环保要求。

（四）整体性能改进措施

针对锅炉设备及其系统的研究结果和讨论，我们对整体性能进行了评估，并提出了一些改进措施。我们通过测试燃烧效率，评估了整体性能的表现，发现了一些存在的问题。基于评估结果，我们提出了一些改进措施，以提高整体性能和效率。这些改进措施将对锅炉设备及其系统的运行性能有明显的提升，进而提高能源利用效率。通过综合考虑研究结果和现实需求，我们拟订了一套完善的整体性能改进措施，以期达到提高锅炉设备性能和效率的目标。

（五）综合性评价

在本研究中，我们对锅炉设备及其系统进行了综合性评价。燃烧效率的测试结果显示，我们的锅炉系统在燃烧过程中表现出较高的效率，这也间接证明了我们在设计和优化系统时的成功。整体性能评估显示，锅炉设备在长时间运行中，能够保持稳定的工作状态，表现出较好的耐久性和可靠性。综合性评价的意思是考虑了系统的各个方面，综合分析了燃烧效率、能耗、安全性等指标，从而对整个系统进行了全面的评价。通过这次研究，我们对锅炉设备及其系统有了更深入的了解，也为今后的研究和改进提供了重要参考。

第二节 热效率优化实验结果

一、实验设计

(一) 方案制定

方案制定：为了研究锅炉设备及其系统的性能，我们设计了一套完整的实验方案。我们对燃烧效率进行了测试，以评估系统燃烧过程中的效率情况。我们对整体性能进行了评估，通过多项指标对系统整体性能进行了综合分析。接着，我们进行了热效率优化实验，旨在提高系统的热效率，从而实现能源的更有效利用。在实验设计阶段，我们精心安排了实验条件、参数设置和数据采集方式，以确保实验结果的准确性和可靠性。通过这一系列实验，我们能够全面了解锅炉设备及其系统的性能特点和存在的问题，并提出相应的改进建议，为系统性能的提升提供科学依据。

(二) 实施步骤

为了研究锅炉系统的燃烧效率，我们进行了一系列的实验。我们选取了不同类型的燃料，包括煤炭、天然气和生物质，进行了燃烧效率的测试。接着，我们对锅炉系统的整体性能进行了评估，包括燃烧效率、传热效率等方面的综合分析。在得出整体性能评估的基础上，我们进行了热效率优化实验，通过调整相关参数来提升锅炉系统的热效率。

实验设计方面，我们采用了多种方法和工具，包括计算机模拟、实验测量等。在实验的过程中，我们严格按照设计方案进行操作，确保实验结果的准确性和可靠性。同时，我们还进行了多次重复实验，以验证实验结果的可重复性和稳定性。

在实施步骤中，我们遵循了标准化的程序，确保实验的顺利进行。我们对实验室环境进行了严格控制，保证实验过程中的稳定性和准确性。同时，我们还对实验设备进行了细致的检查和校准，确保实验数据的准确性和可信度。通过以上实施步骤，我们得出了一系列关于锅炉系统研究结果的重要数据和结论。

(三) 数据采集

数据采集是锅炉设备及其系统研究的关键环节之一。在研究过程中，我们首先进行了燃烧效率的测试，通过实验结果得到了相应的数据。随后，我们对整体性能进行了评估，对热效率进行了优化实验，进一步验证了研究的可行性。在实验设计中，我们充分考虑了各项因素的影响，并进行了合理的安排。通过严格的数据采集工作,我们获取到了大量的实验数据,为后续的分析和研究奠定了基础。数据采集的过程中,我们注意保持数据的准确性和完整性,确保研究结果的可靠性。通过这些数据,我们可以进行进一步的分析和讨论,为锅炉设备及其系统的研究提供有力支撑。

(四) 结果展示

研究结果显示,通过对锅炉设备进行燃烧效率的测试,实验结果表明其燃烧过程相对稳定,燃烧效率较高。整体性能评估显示,锅炉系统在运行过程中表现出良好的稳定性和可靠性,具有较高的工作效率。热效率优化实验结果表明,在不同工况下进行调整和优化后,锅炉系统的热效率得到显著提升。实验设计中采用了多种参数的控制和调整,确保实验过程的科学性和准确性。结果展示了锅炉设备及其系统在提升热效率和整体性能方面的潜力和可行性,为相关领域的技术改进和发展提供了重要的参考依据。

(五) 优化效果评估

优化效果评估:论文中对锅炉设备及其系统的研究重点在于燃烧效率的测试结果、整体性能评估以及热效率的优化实验结果。通过详细的实验设计和数据分析,评定了优化效果。在优化效果评估过程中,考虑到了各种因素的影响,从而得出了具体的结论。通过这些评估结果,可以为今后的锅炉系统研究及改进提供参考和指导,进一步提高锅炉设备的性能和效率。

二、换热效率改进方案

(一) 分析方法

分析方法:通过对锅炉设备及其系统进行研究,我们使用了多种分析方法来评估其性能表现。我们进行了燃烧效率的测试,通过实验数据分析得出了燃烧过程中的能量利用效率。接着,我们对整体性能进行评估,综合考虑了燃烧效率、换热效率等多个指标,得出了系统在工作状态下的总体表现。在热效率优化实验中,我们设计了一系列实验方案,通过对比不同参数设定下的热效率数据,找出了系统中存在的优化空间。我们提出了一些换热效率改进方案,包括改进设备结构、优化参数设置等方式,以提高系统整体效率。通过这些分析方法,我们能够全面评估锅炉系统的性能,并提出有效的改进方案。

（二）改进方向

对于锅炉系统的研究结果与讨论，根据燃烧效率的测试结果显示，整体性能评估表明存在一定的改进空间。热效率优化实验结果表明，换热效率需要进一步优化，因此需要提出一些改进方案。改进方向将集中在提高燃烧效率，优化整体性能以及改进换热效率方面，以实现更高水平的效率和性能。

在未来的研究和实践中，需要重点关注提高燃烧效率，采取措施减少能源浪费，优化燃烧过程，实现高效能源利用。同时，应加强对整体性能的评估，通过系统优化设计及运行管理，提高系统的工作效率和性能水平。需要探索换热效率的改进方案，采取新技术和方法，优化换热器的结构和运行方式，提高换热效率，降低能源消耗。

总的来说，未来的研究工作应集中在提高燃烧效率、优化整体性能和改进换热效率，以实现锅炉设备及其系统的高效运行和持续发展。通过不懈努力和创新探索，将提高锅炉系统的能源利用效率，减少资源浪费，促进节能减排，实现可持续发展的目标。

（三）实施步骤

我们进行了燃烧效率的测试，结果显示燃烧效率较高。接着，我们对整体性能进行了评估，结果表明整体性能良好。然后，我们进行了热效率优化实验，实验结果显示热效率有所提升。接下来，我们提出了换热效率改进方案，计划在系统中实施以提高换热效率。我们明确了实施步骤，包括系统改进、设备更换等具体措施。

三、能效果评估

（一）数据对比

研究表明，锅炉设备及其系统在燃烧效率方面具有较高的表现。通过整体性能评估，发现其燃烧效率在实验中达到了较高水平。在热效率优化实验中，锅炉系统展现出了显著的提升，并且节能效果也得到了有效评估。通过数据对比，可以明显看出锅炉设备系统在提高燃烧效率和热效率方面取得了明显的成果，为节能效果的提升提供了可靠的支撑。

（二）能效果分析

在锅炉设备及其系统研究中，我们对燃烧效率进行了测试，结果显示整体性能评估表现出色。通过热效率优化实验，我们发现节能效果明显提升，经过节能效果评估的结果分析，节能效果得到了充分验证。

(三) 进一步改进建议

在锅炉设备及其系统研究中，我们对燃烧效率进行了测试，并对整体性能进行了评估。通过热效率优化实验，我们实现了节能效果的评估。在结果分析的基础上，我们提出了进一步改进建议，以期进一步提高锅炉系统的性能和效率。

(四) 效果验证方案

针对锅炉设备及其系统研究的实验结果，我们设计了一套科学合理的效果验证方案。我们对燃烧效率进行了测试，结果显示…接着，进行了整体性能评估，结果表明…随后，我们进行了热效率优化实验，实验结果显示…进一步对锅炉系统的节能效果进行了评估，评估结果显示…我们制定了一系列的效果验证方案，包括…通过这些方案的执行，我们成功验证了锅炉系统的研究成果，为锅炉设备的性能提升和节能效果的优化提供了可靠的依据。效果验证方案的设计和实施，将为相关领域的研究和实践提供有力支持。

(五) 结果讨论

研究中发现，通过对锅炉系统进行燃烧效率测试，可以明显地提高其整体性能。在整体性能评估方面，我们进行了一系列的热效率优化实验，并取得了显著的成效。通过对节能效果进行评估，我们验证了这些优化措施的有效性。综合以上实验结果，可以得出锅炉系统在提高燃烧效率、整体性能和热效率方面的重要性。我们的研究结果还表明，在节能方面进行改进可以显著减少资源的浪费，提高系统运行的效率。通过结果讨论，我们得出锅炉系统的性能优化对于提高整体能源利用效率和减少能源消耗具有重要意义。

四、清洁能源替代实验结果

(一) 可替代能源选择

在研究锅炉设备及其系统时，可替代能源选择是一个至关重要的议题。通过燃烧效率的测试结果和整体性能评估，我们发现了热效率优化实验结果和清洁能源替代实验结果。在选择可替代能源时，我们需要考虑各种因素，以确保最佳的能源选择方案。通过实验结果的分析，我们将选择一种既经济、又环保的可替代能源，以提高锅炉系统的性能和效率。

(二) 替代方案设计

在锅炉设备及其系统研究中,我们进行了燃烧效率的测试,发现了一些重要的结果。同时,我们对整体性能进行了评估,得出了一些有益的结论。通过热效率优化实验,我们进一步提高了系统的效率。我们也进行了清洁能源替代实验,发现了一些令人振奋的成果。我们根据研究结果设计了一些替代方案,为锅炉系统的未来发展提供了新思路。

(三) 实验效果评估

经过对锅炉设备及其系统的研究,我们进行了燃烧效率的测试实验。同时,我们也对整体性能进行了评估,并进行了热效率优化实验。除此之外,我们还进行了清洁能源替代实验,以期提高锅炉设备的能源利用效率。我们对这些实验结果进行了综合评估,以评判实验效果的优劣。通过这些实验和评估,我们可以更好地了解锅炉系统的性能表现,为未来的研究和改进提供参考。

第三节　总体讨论与启示

一、实验结果综合性分析

(一) 各项测试结果比较

本次研究中,我们对锅炉设备及其系统进行了一系列测试。我们对燃烧效率进行了测试,结果显示……接着,我们对锅炉系统的整体性能进行了评估,结果表明……在热效率优化实验中,我们进行了一系列改进措施,最终实现了……我们还进行了清洁能源替代实验,结果显示……综合各项实验结果分析,我们发现……通过对各项测试结果进行比较,我们可以得出……总的来看,本研究为锅炉系统的进一步优化提供了重要参考。

(二) 原因分析

原因分析:在本研究中,我们对锅炉设备及其系统进行了广泛的研究和实验。我们对燃烧效率进行了测试,结果显示燃烧效率较高,能够有效降低能源浪费。我们对整体性能进行了评估,发现整体性能表现良好,具有较高的稳定性和可靠性。接着,通过热效率优化实验,我们进一步提高了热效率,从而提升了锅炉系统的工作效率。

我们还进行了清洁能源替代实验,结果表明清洁能源在锅炉系统中具有广阔的应用前景,可以有效减少对环境的影响。在总体讨论与启示部分,我们深入分析了实验结果,指出了锅炉系统在节能减排方面的巨大潜力。通过实验结果的综合性分析,我们得出结论指出,锅炉系统的性能可以通过优化设计和清洁能源替代实现进一步提升。

通过对实验结果进行原因分析,我们发现锅炉系统的高效性主要来自于燃烧效率的提高和热效率的优化。因此,我们深信通过持续的研究和改进,可以进一步提升锅炉设备及其系统的性能,为节能减排和环保事业做出更大贡献。

(三)性能提升潜力

锅炉系统的研究结果显示,目前存在着一定的性能提升潜力。在燃烧效率方面,实验结果表明现有设备在燃烧稳定性和燃烧效率方面还有改进的空间。特别是在煤炭等传统燃料的燃烧过程中,存在燃烧不充分、热损失较大等问题,影响了燃烧效率的提升。

在整体性能评估中,实验数据显示锅炉设备在热效率方面存在一定的提升空间。热效率的优化需综合考虑锅炉的燃烧、传热等多个环节,有待进一步的研究和改进。清洁能源替代实验结果表明,在清洁能源应用方面,当前锅炉设备存在适应清洁能源的难题,需要不断调整和改进设备结构和使用方法。

总体来看,实验结果对锅炉设备的性能提升提供了一些启示。通过综合性分析,我们发现锅炉设备在整体性能方面有望得到一定程度的提升,但同时也需要关注燃烧效率、热效率的优化以及清洁能源替代等问题。性能提升潜力虽然存在,但需要更多的研究和技术创新来实现。在未来的研究中,可以进一步探讨锅炉设备性能提升的潜力和可能的改进方向,以推动锅炉设备的发展和应用。

二、工程实践启示

(一)设备管理建议

针对锅炉设备管理,我们需要着重考虑以下几个方面的改进措施。建议采用先进的监控系统,实时监测设备运行状态、燃烧效率和性能指标,及时发现问题并采取相应的调整措施。建议建立完善的维护保养流程,定期对设备进行检修、清洗和维护,保证设备长时间稳定运行。建议加强员工培训,提高员工对设备操作和维护的技能水平,增强设备的安全性和稳定性。在制定运行策略时,要考虑热效率优化和清洁能源替代方面的实验结果，积极采用先进的清洁能源技术，提高设备的环保性能。

在工程实践中，需要不断总结经验，改进管理方法和流程，持续提高设备管理的效率和质量。同时，要注重与厂家和专业机构的合作，及时了解最新的技术发展和设备更新换代的信息，保持设备处于行业领先地位。要加强团队合作，建立高效的沟通机制，共同致力于设备管理的持续改进和提升，确保设备系统的稳定运行和发展。

通过以上建议和改进措施的实施，相信可以提高锅炉设备管理水平，优化设备性能，降低运行成本，延长设备寿命，实现设备管理的持续改进和发展。这将为锅炉设备及其系统的研究和应用提供有力的支撑，推动清洁能源产业的快速发展。

（二）技术改进方向

锅炉设备在现代社会中扮演着至关重要的角色，然而，在锅炉设备技术方面依然存在许多不足之处。燃烧效率始终是锅炉设备技术改进的重要方向之一。目前，虽然已经有多种提高燃烧效率的技术方案，但在实际应用中仍然存在一些挑战，比如燃烧稳定性、热负荷调节等问题。

锅炉设备整体性能评估也亟待提升。除了燃烧效率外，锅炉设备的运行稳定性、耗能情况等方面也需要综合考虑，以确保整体性能达到最佳状态。

热效率优化实验结果显示，提高锅炉热效率是降低能源消耗、减少污染排放的关键。在实践中，我们发现热效率的提升并非一蹴而就，需要综合考虑多种因素，如燃料选择、热传递效率等。

值得一提的是，清洁能源替代实验结果显示，清洁能源在未来替代传统能源的潜力巨大。逐步推进燃煤锅炉向清洁能源的转变，不仅可以降低环境污染，还能提高能源利用效率。

锅炉设备技术的改进方向包括但不限于提高燃烧效率、优化整体性能、提升热效率、推广清洁能源替代等方面。只有不断探索新的技术途径和方案，才能满足不断增长的能源需求，实现能源可持续发展的目标。

（三）系统优化策略

在锅炉系统的研究中，系统优化是一个至关重要的部分。通过从整体系统的角度出发，我们可以更好地理解系统的运行机理，找到系统优化的潜在策略。

系统优化的理念需要确保整个系统的协调性和稳定性。考虑到锅炉设备的复杂性，我们需要在系统设计和运行过程中充分考虑各个组件之间的相互影响，确保系统整体运行效率的提升。

系统优化的方法需要注重数据的收集和分析。通过对系统运行数据进行全面的监测和分析,我们可以发现系统中存在的问题和瓶颈,并及时进行调整和优化。

系统优化的策略需要注重持续改进和创新。锅炉系统是一个动态的系统,随着技术的不断进步和市场需求的变化,我们需要不断更新优化策略,保持系统的竞争力和持续发展能力。

系统优化是锅炉设备及其系统研究中的关键环节。通过对系统优化的理念、方法和策略进行分析,我们可以更好地提升锅炉系统的整体性能,实现能源效率的最大化,为清洁能源替代提供技术支持。在未来的工程实践中,我们将继续深入探讨系统优化的路径和方式,不断完善锅炉设备及其系统的研究,推动清洁能源技术的发展和应用。

三、创新研究展望

(一) 下一步研究方向

在当前的研究基础上,下一步的研究方向可以着重于以下几个方面:

可以进一步深入探讨锅炉系统中的燃烧过程,尤其是燃烧过程中的温度分布、燃烧稳定性和烟气排放等关键问题。通过对燃烧过程进行更加精细的模拟和实验研究,可以进一步提高锅炉系统的燃烧效率和环保性能。

可以加大对锅炉整体性能评估的研究力度,包括对锅炉系统的热效率、能效比、运行稳定性等方面进行全面评估。通过对锅炉性能进行深入分析,可以为锅炉系统的优化设计和运行管理提供更为科学的依据。

可以进一步开展清洁能源在锅炉系统中的应用研究,例如生物质能、天然气等清洁能源的替代实验。通过对清洁能源的应用效果进行实验证和评估,可以为推动锅炉系统向清洁、高效方向发展提供参考。

总的来说,未来的研究应该更加注重锅炉系统的高效、清洁、安全等方面,同时结合先进的技术手段,如计算机仿真、智能监测等,提高锅炉系统的整体性能和运行效率。希望通过持续的研究工作,为锅炉设备的发展和应用提供更为可靠的技术支持和科学指导。

(二) 需要解决的问题

在锅炉设备及其系统研究中,尽管已经取得了一些成果,但仍然存在着一些问题需要解决。随着环保意识的提高,如何实现更加清洁、低排放的能源转化仍然是一个亟待解决的问题。目前,虽然已经有了清洁能源替代实验结果,但如何推广并实现规模化应用仍然面临困难。

随着锅炉设备与系统的发展，其自动化程度越来越高，但如何确保系统的可靠性和运行稳定性仍然是一大挑战。锅炉系统作为一个复杂的工程系统，其运行稳定性直接影响着生产效率和安全性，因此需要进一步深入研究和改进。

随着经济全球化的深入发展，企业间竞争愈发激烈，如何提高锅炉设备及其系统的整体性能，降低生产成本，提高生产效率成为了一个摆在研究者面前的紧迫问题。在整体性能评估的基础上，需要进一步的优化研究，从而实现更高水平的生产。

虽然已经有多项研究成果和实验结果，但锅炉设备及其系统的研究仍然是一个综合性、复杂性强的课题，亟需多学科、跨领域的合作研究。未来，如何更好地整合相关领域的知识和技术，进一步推动锅炉设备及其系统研究的深入发展，也是一个需要解决的重要问题。

锅炉设备及其系统研究在取得一定成果的同时，仍然面临着诸多问题需要解决。只有不断深入探索、创新研究，才能进一步推动锅炉设备及其系统的发展，为实现能源转化和清洁生产做出更大的贡献。

（三）创新发展趋势

未来锅炉设备及其系统的研究将主要集中在提高能源利用效率、降低排放、实现清洁能源替代等方面。随着能源环境政策越来越重视清洁生产和环保，未来的锅炉设备将更加注重绿色、低碳发展。

在技术方面，燃烧技术将是未来锅炉系统研究的重点之一。通过改进燃烧方式、提高燃烧效率，可以减少燃料消耗和排放量，实现更加节能、环保的效果。同时，利用新型材料和高效换热器等技术，可以提高锅炉的传热效率，进一步提升整体性能。

未来的锅炉设备将注重清洁能源替代，例如利用生物质能、太阳能、地热能等替代传统的化石能源，减少对环境的影响。通过实验研究清洁能源替代的可行性和效果，可以为未来锅炉设备的设计和应用提供更多的可能性。

总的来说，未来锅炉设备及其系统的研究将朝着绿色、高效、环保的方向发展。新技术、新理念的不断引入和探索，将为锅炉行业带来更多的创新和发展机遇。通过持续的研究和实验，可以为未来锅炉设备的发展提供更多的启示和方向，推动锅炉设备朝着更加智能、可持续的方向发展。

（四）未来展望

随着能源需求的不断增长和环境保护意识的提高，锅炉设备及其系统的研究发展将趋向于更加节能环保和高效率。未来,我们可以预见随着科技的不断进步,新材料的应用和工艺的创新将成为锅炉设备研究的重要方向。

在未来的发展中,锅炉设备有望实现更高的燃烧效率和热效率,从而实现更为节能和环保的目标。同时,清洁能源的替代也将成为一个重要趋势,例如生物质颗粒、光伏发电等将逐渐应用于锅炉系统中,以降低对化石燃料的依赖。

数字化技术的应用也将成为未来锅炉系统研究的一个重要方向,通过智能化控制系统的应用,可以更好地监测和控制锅炉设备的运行状态,实现对整个系统的优化管理。

总的来说,未来锅炉设备及其系统的研究将朝着更加智能化、高效化、节能环保化的方向发展。我们期待通过不懈的努力和创新,推动锅炉设备领域的发展,为保障能源安全和环境保护作出更大的贡献。相信在未来的道路上,锅炉设备将发挥越来越重要的作用,为社会发展和经济繁荣提供稳定可靠的能源保障。

第五章 锅炉设备及系统研究的结论与建议

第一节 性能总结

一、系统稳定性评估

(一) 燃烧效率分析

锅炉设备及其系统研究的性能总结主要包括系统稳定性评估和燃烧效率分析。系统稳定性评估是评估锅炉设备在运行过程中的稳定性和可靠性,以确定系统是否能够长时间高效运行。而燃烧效率分析是评估锅炉燃料的燃烧效率,以优化能源利用,提高系统运行的效率和节能性。通过对锅炉设备及其系统研究的性能总结,可以为提高锅炉设备性能和系统运行效率提供参考和指导。

(二) 能降耗效果

对锅炉设备及其系统研究的性能进行总结,评估系统的稳定性,特别是节能降耗效果。通过对系统运行各项指标的监测,可以得出该系统在实际运行中的性能表现。系统的稳定性评估是保证设备正常运行的基础,而节能降耗效果则是评价系统运行效率和经济性的重要指标。在进行锅炉设备及系统研究过程中,需重点关注系统的性能表现,及时发现问题并提出改进建议,保证系统运行稳定、高效、节能,提高设备的使用寿命和整体性能。

(三) 温度控制表现

锅炉设备及其系统研究中,对温度控制表现的评估至关重要。系统的稳定性直接影响了锅炉设备的性能表现,而温度控制则是保障系统稳定性的关键之一。通过对锅炉设备系统的温度控制表现进行评估,可以全面了解系统的工作状态。温度控制在锅炉设备中扮演着重要角色,直接影响到系统的运行效率和安全性。在锅炉设备及系统研究中,需要对温度控制表现进行深入分析,不断优化控制策略,提高系统的稳定性和工作效率。同时,也需要关注温度控制的精度和灵活性,在实际运行中及时调整参数,保障系统稳定运行。通过对温度控制表现的评估,可以为锅炉设备系统的优化提供重要参考,提高系统的整体性能和效率。

(四)排放指标达标情况

锅炉设备及其系统研究的结论与建议完成后,我们对系统性能进行了总结和评估。通过对系统运行数据的分析和对设备性能的检测,我们发现整个系统表现出了较高的稳定性和可靠性。系统在各项运行指标上均取得了较好的表现,各部件之间的协调配合也相当良好,整体运行效率得到了有效提升。

在系统稳定性评估方面,我们发现系统在长时间运行过程中未出现过大的故障或停机情况,各个部件的运行状态均保持稳定,系统响应速度和运行效率也都在可接受范围内。这表明系统在设计和运行上均具有较好的稳定性,能够满足长时间连续运行的需求。

在排放指标达标情况方面,我们对系统排放情况进行了详细监测和评估。经过对比分析,我们发现系统的排放指标均已达到国家相关标准要求,大气排放情况良好,各项废气污染物的排放浓度均在允许范围内。这意味着系统在环保方面表现优秀,对环境造成的污染极小。

锅炉设备及其系统研究在性能总结、系统稳定性评估和排放指标达标情况方面均取得了令人满意的成果。我们将继续关注系统的运行情况,不断优化设备性能,提高系统效率,为实现清洁高效能源利用、减少环境污染做出更大的贡献。

二、设备可靠性评价

(一)关键部件故障率分析

性能总结:锅炉设备及其系统研究的性能总结十分重要,通过对设备各项性能指标的综合评估,可以针对存在的问题进行分析和改进,提高设备的工作效率和可靠性。

设备可靠性评价:对锅炉设备的可靠性进行评价是确保设备正常运行的重要手段之一,通过对设备寿命曲线、故障率曲线等数据的分析,可以有效评估设备的可靠性水平,为设备的维护和改进提供依据。

关键部件故障率分析:对锅炉设备的关键部件进行故障率分析,可以帮助我们了解设备中存在哪些关键部件容易发生故障,从而采取相应的措施进行预防和处理,保障设备的正常运行和安全性。

(二)设备寿命预测

在对锅炉设备及其系统的研究过程中,我们对设备的性能进行了全面的总结,通过设备可靠性评价,我们对设备运行的稳定性和可靠性进行了全面评估。同时,我们还进行了设备寿命预测的研究,通过对设备寿命的预测,我们能够提前掌握设备的寿命情况,从而及时进行维护和保养,延长设备的使用寿命,提高设备的运行效率。通过对锅炉设备及其系统的深入研究,我们得出了一系列对设备性能提升和寿命延长的建议,这些建议将对锅炉设备的运行和维护起到重要的指导作用。

(三)维护保养方案评估

维护保养方案评估:通过对锅炉设备及其系统进行维护保养方案评估,可以有效提升设备的可靠性和稳定性,延长设备的使用寿命,保障生产的正常进行。维护保养方案应根据设备的具体情况进行制定,包括定期检查设备运行状态、定时更换易损件、清洗设备内部杂质、做好设备的润滑保养等措施。同时,建议对设备进行定期大修,对设备进行全面检修和维护,确保设备各部件的正常运转,提高设备的整体性能。在制定维护保养方案时,还应充分考虑设备运行环境和工艺要求,及时对设备进行调整和维护,确保设备的性能稳定和运行效率高效。同时,建议加强设备保养人员的培训和技能提升,提高他们对设备性能的认识和理解,做到及时发现并解决设备故障,保障设备的长期稳定运行。通过科学合理的维护保养方案评估,可以最大限度地发挥设备的作用,提高设备的整体效益,为企业的生产经营带来更大的价值和利润。

(四)运行数据分析

通过对锅炉设备及系统的性能总结,发现设备的可靠性评价在整个运行过程中起着至关重要的作用。运行数据分析显示,设备在长期运行中存在一定的故障率,需要及时进行检修维护,以确保设备的正常运行。同时,对设备进行全面的可靠性评价,可以有效提高设备的运行效率和安全性。在运行数据分析的过程中,我们需要充分了解设备的运行情况,及时发现并解决潜在问题,提高设备的可靠性和稳定性。通过对设备的运行数据进行分析,可以及时发现设备的故障和问题,为设备的维护和管理提供参考依据,并为设备的性能优化提供数据支持。通过对锅炉设备及系统的运行数据分析,可以有效提高设备的可靠性和性能,保证设备的正常运行并延长设备的使用寿命。

三、系统安全性检验

(一) 安全防护措施检查

在锅炉设备及其系统研究中，安全防护措施检查是至关重要的一环。通过对系统的安全性进行全面检验，可以有效评估系统在运行过程中可能遇到的安全风险，并及时采取相应的措施来保障系统的安全运行。通过对系统中关键部件的检查，可以发现存在的安全隐患，并及时进行修复，从而避免潜在的安全事故发生。在实际操作中，对系统安全性进行检验可以帮助我们全面了解系统的性能表现，及时发现问题并加以解决，保障系统的正常运行。

安全防护措施检查不仅包括对系统硬件设备的检查，还包括对系统软件配置、操作过程、维护保养等方面的综合考量。关键在于全面系统地对系统进行检查，确保每一个环节都符合安全标准，从而保证整个系统的安全性。在进行安全防护措施检查时，需要制定详细的检查流程和标准，确保每一个细节都得到充分考虑，避免疏漏导致潜在危险。

安全防护措施检查是保障锅炉设备及系统安全运行的关键步骤。通过对系统的全面检验和及时修复，可以有效降低系统风险，提高系统的可靠性和稳定性，保证系统的正常运行。在未来的研究工作中，我们还可以进一步优化安全防护措施检查的方法和流程，提高系统安全性的保障水平。

(二) 事故应急处理方案评估

对于锅炉设备及其系统研究中的事故应急处理方案评估，是确保设备安全运行的重要环节。在研究过程中，我们发现通过定期模拟演练和评估，可以有效提高事故应急处理的效率和准确性，降低事故对生产造成的影响。同时，针对不同类型的事故场景，可以建立针对性的应急预案，以应对各种可能发生的危机情况。在评估过程中，应着重考虑设备结构和性能，以确保应急处理方案的可行性和有效性。通过综合评估和改进，不断优化应急处理方案，可以有效提高系统安全性，并最大程度地保护设备和人员的安全。通过对事故应急处理方案的评估，可以及时发现存在的问题和不足之处，从而及时制定改进措施，提高设备系统的应急响应能力，确保设备系统运行的稳定性和可靠性。

(三) 漏气检测情况

漏气检测情况：通过对锅炉设备及其系统进行漏气检测，我们发现整体情况较为严重，存在漏气现象。漏气不仅导致能源浪费，还可能对设备的正常运行造成影响，甚至存在安全隐患。针对漏气问题，我们需要加强检测和维护工作，及时发现并解决漏气问题，确保设备的正常运行和安全性。

性能总结：在对锅炉设备及系统的性能进行综合评估后，我们发现其整体性能表现良好，但仍存在一些不足之处，比如能效不高、运行稳定性有待提高等方面。为了进一步提升设备的性能，我们需要优化设备的结构设计，提高热能利用率，加强设备检修与维护，保障设备的可靠性和持续运行。同时，还需要不断进行性能监测与评估，及时发现问题并采取相应措施，以确保设备的高效运行和性能稳定性。

系统安全性检验：通过对锅炉设备及其系统的安全性进行检验，我们发现系统整体安全性较高，但仍存在一些潜在安全隐患，比如设备老化、设备运行状态监测不足等问题。为了确保系统的安全运行，我们需要加强设备维护与保养，定期对设备进行检修与检测，及时修复问题，提升设备的安全性能。同时，还需加强设备运行监控与管理，建立健全的安全管理体系，确保设备运行安全可靠。只有这样，才能保障锅炉设备及其系统的安全稳定运行。

进一步优化设备的结构设计，加强设备的耐用性和稳定性，提高设备的可靠性和持续运行。在设备运行过程中，还需要加强设备的安全监测和评估，及时检测设备的性能问题并采取相应的措施，确保设备的高效运行和性能稳定性。

针对锅炉设备及其系统的安全性检验，应当注意加强设备的维护与保养工作，定期对设备进行检修和检测，及时修复设备中存在的问题，提升设备的安全性能。同时，还需要加强设备的运行监控与管理，建立健全的安全管理体系，以确保设备的安全运行。

在保障系统安全性的同时，还应该注重设备老化问题的预防和处理，加强设备的运行状态监测和维护工作，及时发现并解决可能存在的安全隐患，确保系统的安全稳定运行。只有这样，才能有效保障锅炉设备及其系统的安全性，提高设备的整体运行效率和性能稳定性。

(四) 电气设备运行状况

锅炉设备及其系统研究的性能总结表明，通过对系统各方面性能进行综合评估，可以全面了解设备运行情况。系统安全性检验是保障设备及系统运行安全的重要环节，需要对设备进行定期检查和维护，及时发现并处理潜在风险。电气设备运行状况的良好与否直接影响着整个系统的正常运行，因此需重视电气设备的检测和监控工作，以确保设备运行的稳定性和长期性。在进行锅炉设备及系统研究时，需要对性能进行全面总结，定期进行系统安全性检验，注意电气设备运行状况，从而确保设备长期稳定运行。

四、故障分析与改进

(一) 常见故障分析

锅炉设备及其系统研究的常见故障分析主要包括锅炉燃烧不完全、燃烧器堵塞、水位控制不准确、管道堵塞等问题。对于锅炉燃烧不完全的情况，可能是由于燃料供给不足或着火器损坏导致的，需要及时检修。燃烧器堵塞则可能是由于灰尘积聚或燃料结沉导致的，应加强清理维护工作。水位控制不准确会造成锅炉水位过高或过低，可能是由于传感器故障或控制系统不稳定引起的，需要及时检修或调整。管道堵塞通常是由于水垢或杂物积累在管道内部，影响水流通畅，需要定期清洗管道以确保正常运行。加强对锅炉设备及系统的维护和监控，及时发现和解决各种故障问题，对于保障锅炉设备的正常运行和安全性至关重要。

(二) 故障处理流程优化

在对锅炉设备及系统研究的过程中，我们对性能进行了全面的总结，发现了一些存在的问题。在进行故障分析与改进的过程中，我们深入研究了各种故障，找到了解决问题的方法。通过对故障处理流程的优化，我们将故障处理的效率提升到了一个新的水平。我们建议在未来的研究中，继续完善性能总结和故障分析，不断改进故障处理流程，以提高设备的可靠性和稳定性。通过这些工作，我们相信锅炉设备及系统的研究会取得更大的进展，为相关领域的发展做出更大的贡献。

(三) 故障修复效果评估

通过对锅炉设备及系统研究中发生的故障进行分析与改进，我们对故障修复效果进行了评估。经过一系列的实验和测试，我们发现一些关键性能指标得到了显著改善。这些改进不仅提高了锅炉设备的工作效率，还减少了故障频率，降低了维修成本。在实际运行中，经过改进后的系统稳定性和可靠性得到了极大提升，为设备的长期稳定运行提供了有力支持。通过对故障修复效果的评估，我们确定了改进措施的有效性，为今后的研究和工作奠定了坚实的基础。

第二节 系统优化建议

一、设备参数优化

(一) 燃烧控制参数调整

燃烧控制参数调整：对于锅炉设备及系统的研究，燃烧控制参数的调整是非常关键的。通过调整燃烧控制参数，可以有效提高锅炉系统的燃烧效率，减少燃料消耗，并降低排放物的排放量。在实际操作中，可以根据不同情况对燃烧控制参数进行调整，如调整燃料供给量、空气供给量、风扇转速等参数，从而达到最佳的燃烧效果。及时检查和维护燃烧设备，保持设备的良好状态，也是确保燃烧控制参数调整有效的重要因素。建议在进行燃烧控制参数调整时，应该根据实际情况进行合理调整，定期检查和维护设备，以提高锅炉系统的工作效率和稳定性。

(二) 风量和水流量优化

风量和水流量是锅炉设备运行中非常重要的参数，对于整个系统的性能起着至关重要的作用。在实际运行中，我们发现风量和水流量的优化可以显著提高锅炉设备的效率和稳定性。通过对系统参数进行精确调节，可以减少能量的损失，提高燃烧效率。合理的风量和水流量设置也能减少设备的磨损和损坏，延长设备的使用寿命。根据我们的研究和实验结果，我们建议在实际操作中，要根据具体情况定期调整风量和水流量参数，以保证系统的稳定运行。同时，还应注意监测和维护系统中的风量和水流量传感器，确保数据的准确性。通过持续优化风量和水流量参数，可以最大限度地提升锅炉设备的性能和效率，降低运行成本，提高整个系统的可靠性和稳定性。

(三) 控制系统参数改进

针对锅炉设备及其系统的研究，我们对控制系统参数进行了改进。通过分析实验数据和模拟结果，我们得出了一些重要的结论。我们发现控制系统参数的调整可以显著提升锅炉设备的性能，包括提高燃烧效率、降低能耗和延长设备的使用寿命。我们发现合理设置控制系统参数可以有效减少设备运行期间的故障率，提升设备的可靠性和稳定性。

基于以上结论，我们提出了一些建议，以进一步优化控制系统参数。我们建议在设定控制系统参数时要充分考虑设备的工作环境和工艺要求，以确保参数设置符

第五章 锅炉设备及系统研究的结论与建议

合实际需求。我们建议定期对控制系统参数进行检查和调整,以确保其与设备运行状态的匹配性。我们建议建立健全的质量控制体系,对控制系统参数的调整和变更进行严格管控,以确保设备运行的稳定性和可靠性。

通过对控制系统参数的改进,我们可以实现锅炉设备及其系统的优化,提升设备的性能表现和运行效率。这将为相关行业提供更加可靠和高效的能源设备,促进工业生产的可持续发展。

二、烟气处理优化

(一)除尘装置性能提升

对于锅炉设备及其系统研究中的除尘装置性能提升问题,经过深入分析和研究后发现,存在一些可以改进和优化的方面。通过对除尘装置的优化设计和设备升级,可以大幅提升其性能和效率,减少对环境的影响。加强除尘设备的维护和管理,定期清洁和更换滤网等部件,有助于延长设备的使用寿命,确保其高效运行。对烟气处理系统进行优化,采用先进的技术和设备,可以提高烟气处理效率,降低污染物排放,实现更环保的生产。综合考虑以上因素,对除尘装置的性能提升具有重要意义,有助于提高锅炉设备的运行效率和稳定性,实现绿色环保生产目标。

(二)烟气脱硫脱硝方案改善

在研究锅炉设备及其系统的过程中,对烟气处理优化方面进行了深入的探讨。通过对烟气脱硫脱硝方案的改善研究,发现了一些存在的问题,并提出了相应的解决方案。在实际应用中,针对设备运行中可能出现的故障进行了分析与改进,为系统的稳定运行提供了有效保障。同时,还就系统的各个环节提出了优化建议,以提高设备的工作效率和节能降耗。通过研究与实践,不断完善脱硫脱硝方案,从而使烟气处理工艺达到更加先进和高效的水平,为保护环境和提高设备运行质量提供了有力的支持。

(三)排放治理技术创新

排放治理技术创新是当前锅炉设备及系统研究中的一个重要方向。通过对排放治理技术的不断创新和提升,可以有效降低锅炉设备运行过程中产生的污染物排放,保护环境和人类健康。在当前形势下,需要进一步加大对排放治理技术创新的投入和研究,推动我国锅炉设备及系统研究水平不断提升。

针对锅炉设备运行中存在的一些排放问题,可以通过引入先进的脱硫、脱硝、除尘等技术手段，对烟气中的污染物进行有效处理，实现排放的净化和降低。还可以结合大数据、人工智能等技术手段，对锅炉设备运行状态进行实时监测和分析，及时发现问题并进行处理，提高设备的运行效率和排放治理水平。

在未来的研究中，还可以进一步探索利用可再生能源替代传统燃料，减少燃烧过程中的污染物排放，实现绿色清洁能源的利用。同时，还可以推动锅炉设备的智能化改造，提高设备整体运行效率和环保性能，实现对传统设备的全面升级和改造。

排放治理技术创新是当前锅炉设备及系统研究中的重要方向，通过不断研究和探索，可以为我国锅炉设备行业的发展带来新的机遇和挑战。我们应该不断创新，提高技术水平，推动我国锅炉设备及系统研究取得更大的成就和突破。

（四）热力利用建议

针对锅炉设备及系统研究中热力利用方面存在的问题，建议在燃烧效率方面加强优化工作，提高燃料燃烧的效率，减少热量的损失。同时，可以考虑增加余热回收系统，充分利用排放的热量，提高热能的利用率。建议在设备运行过程中加强监测和调整，确保每个环节的热能流动正常，避免能量的浪费。可以考虑引入新技术，提高热力利用的水平，从而实现能源的高效利用。通过以上建议，可以进一步提高锅炉设备及系统的热力利用效率，降低能源消耗，为环境保护和节能减排做出贡献。

三、运行管理优化

（一）运行调度优化

运行调度优化是提高锅炉设备运行效率和保障系统安全稳定运行的关键，通过科学合理的调度方案，可以有效降低运行成本，并提高设备利用率。在锅炉设备及系统研究中，运行调度优化是一个重要的方面。通过对设备运行数据进行分析，可以及时发现问题，并采取相应措施，确保设备正常运行。在实际运行中，要根据设备的具体情况，合理制定调度计划，确保设备运行的高效稳定。同时，加强对设备运行情况的监控和管理，及时发现并解决问题，保障设备长期稳定运行。

在运行调度优化过程中，需要充分考虑设备的工作条件、负荷情况、环境因素等因素，合理安排设备运行时间和能源消耗，做到节约资源、保障设备安全运行。通过对设备运行数据进行综合分析和评估，可以及时发现设备的运行问题，采取相应的措施予以解决。同时，通过加强设备维护管理，延长设备的使用寿命，提高设备的稳定性和可靠性，降低运行风险。

运行调度优化是锅炉设备及系统研究中一个重要的方面，通过科学合理的调度方案，可以提高设备运行效率，降低运行成本，保障系统安全稳定运行。必须加强对设备运行情况的监控和管理，及时发现并解决问题，确保设备长期稳定运行。只有不断优化运行调度，才能提高设备的整体性能，为系统的稳定运行提供保障。

(二) 能耗监测与管理

在锅炉设备及其系统研究中，能耗监测与管理是至关重要的一环。通过对锅炉设备运行数据进行监测和管理，可以及时发现能源消耗异常情况，为系统优化提供数据支持。同时，通过对能源消耗情况的监测与管理，可以有效控制运行成本，提高能源利用效率，实现经济与环保的双赢。因此，在未来的研究和实践中，应加强对锅炉设备能耗的监测与管理，开展能源消耗模型研究，制定科学有效的能源管理策略，提高锅炉设备的运行效率。

(三) 运行审核流程改进

为了进一步提高锅炉设备及系统运行管理的效率，建议在现有的运行审核流程中进行一定的改进。需要加强对运行人员的培训和教育，提高其对锅炉设备及系统的理解和掌握能力。可以引入先进的监控设备和技术，实现对锅炉设备的实时监测和数据采集，及时发现问题并进行处理。在运行审核流程中还应该加强对设备维护和保养的管理，确保设备处于良好的运行状态。建议建立健全的反馈机制，及时收集运行数据和反馈信息，分析问题的根源并提出改进措施，从而不断优化运行管理的效果。通过以上方式的改进，可以不断提升锅炉设备及系统的运行效率和安全性，实现锅炉设备及系统的最佳运行状态。

第三节　环境保护建议

一、排放达标措施

(一) 烟尘排放管控

烟尘排放是锅炉设备运行过程中常见的一个问题，在环境保护意识日益增强的今天，必须加强管控措施，减少烟尘对大气环境的污染。针对烟尘排放问题，我们建议采取以下措施：加强对锅炉设备的管理和维护，确保设备运行稳定，降低燃烧过程中产生的烟尘量。优化燃烧系统，提高燃烧效率，减少废气中的烟尘含量。建议加强对废气净化设备的监测和维护，确保其正常运行，有效净化废气中的烟尘颗粒。加强对废气排放的监管和检测，确保排放达标，减少烟尘对环境的影响。我们建议对烟尘排放进行定期检查和评估，及时发现问题并加以解决，保障环境的清洁与安全。通过上述措施的实施，可以有效管控烟尘排放问题，保护大气环境，实现环境保护和可持续发展的目标。

（二）SO_2 和 NOx 排放治理

针对锅炉设备及系统研究中的 SO_2 和 NOx 排放问题，我们提出以下措施：

加强燃烧技术改进，提高燃烧效率，减少煤炭燃烧产生的 SO_2 和 NOx 排放。

优化燃烧设备，采用先进的烟气净化技术，如脱硫、脱硝等，有效降低排放物浓度。

同时，严格执行环保政策法规，强化对排放监测和管理，确保排放达标，减少对环境的污染。

加强对员工的培训和技术交流，提高运行管理水平，及时发现和解决排放异常情况，保障设备的正常运行和环境的清洁。

总体而言，采取综合措施，提高锅炉设备的排放治理能力，实现清洁高效的生产，为环境保护贡献力量。

（三）VOCs 排放控制

VOCs 排放控制是锅炉设备及系统研究中一个重要的方面。通过对 VOCs 排放进行控制，可以有效降低环境污染，提升锅炉设备的运行效率。为了实现 VOCs 排放的控制，需要对设备进行定期检测和维护，及时处理发现的问题。采用先进的清洁技术和设备，可以有效降低 VOCs 的排放量。运行管理方面，要对设备进行定期的监测和维护，并建立完善的管理制度，确保设备运行稳定。在环境保护方面，应该加强对废气排放的监管，减少 VOCs 对环境的影响。还需要制定相关的排放标准和措施，确保锅炉设备的排放达标，并尽可能减少对环境的污染。通过以上措施的实施，可以有效控制 VOCs 的排放，提升锅炉设备及系统的运行效率和环保水平。

（四）温室气体排放减少途径

在锅炉设备及其系统研究中，为了减少温室气体排放，可以采取多种途径。首先需要对锅炉设备进行性能总结，分析存在的故障并提出改进方案，从而实现系统的优化。同时，对运行管理进行优化，确保设备在高效稳定运行的同时减少排放。环境保护建议也必不可少，通过采取相应的措施来减少排放物对环境造成的影响。为了确保锅炉设备的排放达标，需要制定相应的措施并加以实施。通过探索不同的途径来减少温室气体排放，可以为环境保护作出更大的贡献。

（五）水处理废弃物处置

在锅炉设备及系统研究中，水处理废弃物处置是一个不可忽视的重要环节。对于锅炉废水处理，我们应该注重资源化利用和减少环境污染的原则，采取合理有效的废水处理措施。同时，废水处理过程中还需要注意废水处理副产物的处置方法，避免对环境造成二次污染。为了实现锅炉系统的可持续发展，我们需要提出以下建议：一是加强水处理废弃物处置技术的研究和应用，探索新型的废水处理技术，提高处理效率和资源回收利用率。二是建立完善的废水处理系统，加强废水监测和管理工作，确保废水处理系统的稳定运行。三是加强对废水产生和处理过程的监督和管理，建立健全的废水处理管理制度，规范废水处理的操作流程，保障废水处理的安全性和环保性。通过以上措施的实施，可以有效提升锅炉设备及系统的运行效率，同时保护环境，推动我国锅炉行业的可持续发展。

二、生态平衡维护

（一）公共环境保护措施

公共环境保护措施：在锅炉设备及其系统研究中，公共环境保护措施至关重要。通过采取有效的污染防治措施、加强环境监测和防治工作、推动科技创新和工艺改进等手段，可以有效减少锅炉设备对环境造成的影响。同时，加强对环境法规的执行力度，加大对环境违法行为的处罚力度，也是保护环境的重要措施之一。只有全社会共同努力，才能保护好我们共同的家园。

在锅炉设备及其系统研究中，公共环境保护措施不仅是政府部门的责任，企业及个人也应该积极参与其中。只有通过全社会的共同努力，才能实现环境保护的目标，为子孙后代留下一个清洁、美丽的家园。

锅炉设备及其系统研究需要不断深入，不断改进改善，以提升其性能并保护环境。只有在科学研究与环境保护并重的道路上不懈努力，我们才能建设出更加先进、更加环保的锅炉设备及其系统。

在锅炉设备及其系统研究中，公共环境保护措施的重要性不言而喻。除了政府部门和企业个人的积极参与外，我们每个人都应该时刻牢记保护环境的使命。只有当我们每个人都意识到环境保护的重要性，并且积极践行环保行动时，我们才能真正做到保护地球的责任。

从个人层面来说，我们可以从日常生活入手，减少能源消耗，节约用水，垃圾分类等小事做起。同时，我们也可以加入环保组织，积极参与环保志愿活动，为环境保护出一份力。

在企业层面，除了遵守环保法规，更可以主动采取各种环保措施，如引进环保技术、实行清洁生产等，以减少对环境的污染。企业在追求经济效益的同时，也要注重环保责任，努力打造绿色工厂，提高环境整体素质。

在政府层面，应该建立更加完善的环境保护法规和政策，严格监督落实，加大对环境违法行为的处罚力度，推动各方共同参与环境保护工作。政府部门要发挥好引导和规范作用，引导企业加大环保投入，推动环保技术的研发和应用。

在锅炉设备及其系统研究中，只有全社会共同努力，才能实现环境保护的目标。希望我们每个人都能意识到环保的重要性，积极参与到环保行动中来，共同为打造一个更加清洁、美丽的家园而努力。

（二）生物多样性保护方案

生物多样性保护方案：针对锅炉设备及其系统所带来的环境影响，我们建议制定全面的生物多样性保护方案，以确保生态系统的健康和稳定。通过采取多种措施，如设立保护区、加强监测和管理、推广生态友好型技术等，可以有效保护各类植物和动物的多样性，避免物种灭绝和生态系统破坏。同时，加强生物多样性的保护还能提高生态系统的稳定性，促进能源装备的可持续发展，实现人与自然和谐共生的目标。生物多样性保护方案的制定需要政府、企业和公众的共同努力，共同维护和促进生态平衡，实现可持续发展的目标。

（三）水资源保护建议

水资源是人类生存和发展的重要基础，对于锅炉设备及其系统的研究也需要关注水资源的保护和合理利用。在进行锅炉设备研究时，我们应当注重提高设备的水资源利用效率，减少水资源的浪费，采用节水技术和设备，以保护宝贵的水资源。同时，在系统优化建议中，应更加注重水资源的合理配置和利用，避免过度消耗和污染水资源。在环境保护方面，我们也应当通过引入清洁生产技术和设备，减少污染物排放，保护水资源的生态环境。为了确保水资源的可持续利用，我们还需注意生态平衡的维护，保护水生态系统的完整性和稳定性。对于锅炉设备及系统的研究，我们需要从水资源保护建议、性能总结、故障分析与改进、系统优化建议、运行管理优化、环境保护建议、生态平衡维护等方面全面考虑，以实现设备运行的高效、稳定和环保。

（四）土壤污染治理建议

性能总结：本研究对锅炉设备及其系统进行了全面的性能总结，发现了存在的问题和不足之处。

故障分析与改进：通过对系统故障进行深入分析，提出了相应的改进措施，以确保设备的正常运行。

系统优化建议：针对系统运行中的瓶颈和问题，提出了系统优化的建议，以提高系统的效率和性能。

运行管理优化：对设备的运行管理进行优化，包括维护保养、安全监控等方面，以确保设备的长期稳定运行。

环境保护建议：为了减少设备对环境的影响，提出了环境保护的建议，包括减少污染排放、提高资源利用效率等方面。

生态平衡维护：为了保护生态系统的平衡和稳定，提出了相应的维护措施，以促进生态环境的持续发展。

土壤污染治理建议：针对土壤污染问题，提出了相应的治理建议，包括土壤修复、排放控制等措施，以改善土壤质量和环境条件。

三、可持续发展策略

（一）可再生能源利用

在锅炉设备及系统研究中，可再生能源利用是一个重要的方向。通过运用各种可再生能源，如太阳能、风能、地热能等，可以有效减少对传统能源的依赖，减少环境污染，实现能源的可持续利用。在锅炉系统中引入可再生能源技术，不仅可以提高整体系统的能源利用效率，还可以降低运行成本，并对环境产生积极的影响。

为了更好地利用可再生能源，建议在锅炉系统中引入先进的能源转换设备和技术，提高可再生能源的利用效率。同时，可以改进系统的设计和运行模式，实现可再生能源的高效利用，减少能源浪费。对于锅炉设备的更新换代也应考虑可再生能源利用的需求，选择适合的设备和技术，使锅炉系统在能源利用方面更具竞争力。

可再生能源利用是锅炉设备及系统研究领域的重要方向之一，通过引入可再生能源技术，可以实现系统的能源高效利用、降低运行成本、减少环境污染，促进系统的可持续发展。未来，随着可再生能源技术的不断发展，锅炉系统在能源利用方面将迎来更大的发展空间。

(二)能减排政策支持

锅炉设备是工业生产中必不可少的设备之一,其性能直接关系到生产效率和能源消耗。通过对锅炉设备的性能进行总结,可以发现存在一些问题和不足之处。针对这些问题,需要进行故障分析与改进,及时解决设备运行中出现的故障,提高设备的可靠性和稳定性。

在系统优化方面,可以对锅炉设备及其系统进行整体优化,提升设备的综合性能和效率。同时,运行管理也是十分重要的一环,合理的运行管理可以延长设备的使用寿命,减少能源浪费,降低维护成本。

为了保护环境,需要制定环境保护建议,减少锅炉设备对环境的污染,促进绿色生产。同时,应该在可持续发展的理念指导下,制定相应的发展策略,促进设备的技术更新和升级,实现可持续发展。

节能减排政策支持是非常重要的,政府应该出台相关政策,支持企业采取节能减排措施,提高能源利用率,减少二氧化碳排放,实现绿色发展。

(三)资源循环利用推动

在锅炉设备及系统研究中,资源循环利用推动起着至关重要的作用。通过对资源的有效回收和再利用,可以最大程度地减少能源消耗和减少对环境的影响。为了实现资源循环利用的推动,我们建议在设计和生产阶段注重可持续性,采用高效节能的设备,确保资源的充分利用。在运行管理中,要加强资源节约意识,控制能源消耗,减少浪费。还应制定资源循环利用的具体措施和政策,激励人们积极参与资源的回收和再利用工作,推动可持续发展战略的实施。通过资源循环利用的推动,我们能够更好地保护环境,实现生态文明建设的目标,为人类的可持续发展做出贡献。

(四)绿色技术研发

绿色技术研发:在锅炉设备及其系统研究过程中,绿色技术的研发是至关重要的。通过引入和应用绿色技术,可以有效减少能源消耗和环境污染,提高系统的整体性能和可持续性。因此,我们建议在锅炉设备的设计和制造过程中,积极采用绿色材料和高效节能技术,以降低系统的能源消耗和排放量。同时,通过优化系统控制策略和智能化管理手段,实现锅炉设备的智能化运行和优化管理,提高系统的稳定性和效率。加强对锅炉设备的定期检修和维护,及时发现并解决潜在故障,减少系统运行中的故障概率和维修成本,提高系统的可靠性和使用寿命。完善绿色技术研发及应用对于锅炉设备及其系统的性能优化和可持续发展具有重要意义。

第四节 未来发展展望

一、技术趋势预测

(一) 智能化控制发展

在锅炉设备及其系统研究中,智能化控制发展是一个不可忽视的重要方向。随着科技的进步和自动化水平的提高,智能化控制能够有效提高锅炉设备的运行效率和性能稳定性,减少人为操作错误的可能性,从而降低故障率和维护成本。

针对智能化控制发展的重要性,我们建议在研究中加强对智能化控制技术的探索和应用。利用先进的人工智能技术,可以实现对锅炉设备的自动监控和实时调整,提高系统的运行效率和安全性。同时,智能化控制还可以通过数据分析和预测,及时发现潜在问题并进行预防性维护,进一步提升设备的可靠性和稳定性。

未来,随着智能化技术的不断发展和成熟,智能化控制在锅炉设备及系统研究中的应用将更加广泛和深入。我们相信,智能化控制的发展将为锅炉设备的运行管理、系统优化和性能提升带来全新的可能性,为环境保护和可持续发展提供更好的支持和保障。同时,随着智能化技术的普及和推广,锅炉设备的运行效率和环境友好性将得到进一步提升,为未来的发展望带来更多的希望和机遇。

(二) 清洁能源替代趋势

在锅炉设备及系统研究的过程中,我们对性能进行了总结,并从中发现了一些潜在的故障问题。针对这些问题,我们进行了深入的分析,并提出了一些改进建议。我们还对系统进行了优化,并提出了一些建议,以提高运行管理的效率。在环境保护方面,我们也提出了一些建议,以减少对环境的影响,并制定了可持续发展的策略。展望未来,我们预测了技术发展的趋势,并对清洁能源替代趋势进行了研究,以期望在未来的发展中能够更好地应对环境挑战。

(三) 热电联产技术前景

热电联产技术前景值得我们深入研究和探讨,通过对其发展趋势和应用前景的分析,我们可以看到在未来的发展中,热电联产技术将会扮演着重要的角色。通过对技术的不断改进和优化,可以提高系统的性能和效率,进而实现更加节能环保的运行方式。在未来的发展中,热电联产技术有着广阔的应用前景,并且可以为环境保护和可持续发展做出积极贡献。通过技术趋势的预测和分析,我们可以更好地把握未来发展的机遇和挑战,为行业的持续发展制定合理的发展策略和规划。希望在不久的将来,热电联产技术能够得到更广泛的应用和推广,为我们的生活和工作带来更加绿色、智能的发展方式。

(四)绿色锅炉技术发展

针对锅炉设备及其系统研究,性能总结显示出优点和不足之处,需要通过故障分析与改进来提高设备的稳定性和效率。系统优化建议可以从设备结构、控制系统和燃料选择等方面入手,以实现更为高效的能源利用。运行管理优化包括设备维护、监控和操作培训等,以确保设备长期高效运行。环境保护建议需从减少排放、资源回收利用和减少能耗等方面去限制设备对环境的不良影响,实现绿色生产。可持续发展策略需要考虑设备更新、技术创新和产业升级等维度,以保证设备在未来能够持续发展。未来发展望将致力于锅炉技术的智能化和自动化,以适应日益复杂变化的市场需求。技术趋势预测将引领锅炉技术向着更为绿色、高效和智能化方向发展,以满足不断提升的环保要求和能源利用需求。绿色锅炉技术发展将成为未来锅炉行业的发展主流,促进整个行业向着更为可持续的方向发展。

绿色锅炉技术发展已成为锅炉行业的主流方向,对环境和能源利用具有重要意义。未来的发展将更加注重智能化和自动化,以适应市场需求的变化。随着技术的不断进步,绿色锅炉技术将朝着更为高效、智能化和环保的方向迈进。在实践中,除了设备结构、控制系统和燃料选择的优化,还需要加强运行管理的完善,以确保设备长期高效运行。环境保护建议也需要考虑排放的减少、资源的回收利用和能耗的降低,以实现绿色生产的目标。可持续发展策略则需综合考虑设备更新、技术创新和产业升级等方面的因素,以实现锅炉技术的可持续发展。未来的发展趋势将引领锅炉技术迈向更为智能化、高效和环保的方向,以满足日益提升的环保和能源利用需求。绿色锅炉技术的不断发展将推动整个行业向着更为可持续的方向迈进,为行业的健康发展和未来的可持续发展做出贡献。

二、政策趋势分析

(一)环保政策对行业影响

在当前环境保护政策日益严格的背景下,锅炉设备及其系统的研究也需要从环保的角度进行深入探讨。环保政策对行业的影响不仅是一种挑战,更是一种机遇。通过对环保政策的分析和理解,我们可以更好地指导锅炉设备及其系统的研究和发展。在未来的发展中,只有遵守环保政策,实施可持续发展战略,才能确保行业的长期健康发展。因此，我们需要认真思考如何将环保理念融入到锅炉设备及其系统的研究中，以实现环境保护和经济效益的双赢局面。

（二）能源安全政策趋势

随着全球能源需求的不断增长和能源供应安全面临的挑战，各国政府都开始加强能源政策的制定和实施。在能源安全政策方面，政府通常会采取一系列的政策举措，以确保能源的稳定供应和合理利用。

政府在能源政策中通常会采取多元化能源供应的措施，促进清洁能源的发展和利用，减少对传统化石能源的依赖。这种政策方向对于锅炉设备及系统的研究具有重要的指导意义，要求开发更加环保、高效的锅炉设备，以适应未来能源结构的调整和转型。

政府还会推动能源技术的创新与应用，鼓励企业加大对能源设备和系统的研究和投入。在锅炉设备研究中，政府可以通过财政支持、税收优惠等政策手段，鼓励企业加大科研投入，推动锅炉设备的技术革新和发展。

政府还会关注能源设备的运行管理和环境保护工作，加强对锅炉设备运行情况的监管和检测，确保设备安全稳定运行，减少对环境的影响。同时，政府也会加强对能源企业的环保要求，促使企业采取更加环保的生产方式，推动锅炉设备的绿色发展。

政府在能源安全政策方面的趋势是多方面的，涉及能源供应、技术创新、环境保护等方面，这些政策举措对于锅炉设备及系统的研究和发展具有重要的影响和指导作用。未来，随着能源政策的不断调整和完善，相信锅炉设备及系统的研究将迎来更加广阔的发展空间和机遇。

（三）产业结构调整政策的展望

在未来，随着能源效率和环保要求的不断提高，锅炉设备及其系统的研究将面临更大的挑战和机遇。政府对于节能减排的政策将会更加严格，技术升级和转型发展将成为行业发展的主要趋势。

未来的产业结构调整政策将更加注重绿色发展和创新驱动。政府将推动企业加大技术研发投入，提升锅炉设备的能效水平，并加强环保设施的建设和管理。同时，政府还将鼓励企业加强固体废弃物资源化利用，降低废弃物排放对环境的影响。

政府将进一步推动产业升级和转型发展。鼓励企业加大对高效、清洁能源的利用，推动锅炉设备向低排放、高效能的方向发展。同时，推动企业加强智能化、自动化控制技术的应用，提高生产过程的智能化水平，降低人力成本，提高生产效率。

政府还将支持企业加大对人才培养的投入，建立健全的职业教育体系，培养大批技术人才和管理人才，提升行业整体的竞争力和创新能力。同时，政府还将建立健全的产业监管机制，保障行业的健康发展，打击不正当竞争行为，维护行业的良好秩序。

总的来说，未来政府将继续加大对锅炉设备及其系统研究的支持力度，并制定更加严格的政策措施，推动行业向着高效、清洁、环保的方向发展，实现可持续发展目标。

三、国际合作前景

（一）国际环境标准趋势

随着全球环境保护意识的提升，国际环境标准在不断提高，对锅炉设备及其系统的影响也越来越明显。未来，锅炉设备需要更加节能环保，以满足国际环境标准的要求。在性能总结方面，需要注重提高热效率和减少排放，采用先进的燃烧技术和节能措施。同时，在故障分析与改进方面，应加强设备的监测和预警系统，及时发现问题并采取有效措施进行修复，提高设备的可靠性和稳定性。

在系统优化方面，可以结合智能控制系统和数据分析技术，实现设备运行的智能化管理，提高生产效率和降低能耗。在运行管理优化方面，需要建立完善的运行管理制度和技术培训体系，提高员工的技术水平和管理能力，确保设备的安全稳定运行。

在环境保护建议方面，应加强废气处理和排放控制，减少对环境的污染。采用清洁能源、循环利用和资源回收等技术，促进锅炉设备的绿色发展。可持续发展策略也是未来发展的重要方向，需要在生产过程中实现资源的充分利用和循环利用，减少对环境的负面影响。

展望未来，随着国际合作的深入推进，锅炉设备及其系统研究将在国际上得到更多的关注和支持。国际环境标准的趋势也将进一步推动锅炉设备向更加环保、高效的方向发展，为全球环保事业做出更大的贡献。

（二）传统能源输出形势

随着全球经济的快速发展和人口的持续增长，传统能源的需求仍将保持稳定增长的态势。然而，由于资源的有限性和环境保护的重要性，传统能源的供给将面临越来越大的挑战。

从需求方面来看，随着工业化进程的加速和生活水平的提高，人们对能源的需求将逐渐增加。特别是在一些发展中国家和地区，能源需求增长更加迅猛。同时，随着新兴产业的崛起和技术的进步，对能源的需求将更加多样化，传统能源的输出形势将更加复杂。

从供给方面来看，传统能源的开采成本将逐渐增加，资源相对稀缺，供给压力将不断增加。同时，传统能源开采对环境的影响越来越大，环保要求也将会加大。因此，传统能源的供给将面临越来越大的限制和挑战。

在价格方面，传统能源的价格将受到多种因素的影响，包括地缘政治、市场需求、生产成本等。未来，传统能源的价格波动将更加频繁，价格也可能会逐渐上涨。

为了应对未来传统能源输出形势的变化，锅炉设备及其系统研究需要继续不断创新和优化。在性能方面，需要不断提高锅炉设备的效率和可靠性，降低能源消耗和排放。在系统优化方面，需要更加注重整体系统的协调和优化，提高能源利用效率和系统运行稳定性。在环境保护方面，应该采取更加严格的环保标准和措施，减少对环境的污染。

未来传统能源输出形势的变化将对锅炉设备及其系统研究提出更高要求，需要不断创新和优化，以适应未来能源发展的需求和挑战。只有不断提升技术水平，加强国际合作，共同应对全球能源挑战，才能实现可持续发展的目标。

(三) 绿色技术合作机遇

在国际合作中，绿色技术领域是一个充满机遇的领域。随着人们对环境保护的重视和可持续发展理念的提倡，绿色技术已经成为各国共同关注的焦点。在锅炉设备及系统研究中，国际合作可以为技术创新和经验交流提供宝贵的机会。

国际合作可以促进各国在绿色技术领域的共同发展。通过合作，可以将不同国家的技术和资源整合起来，共同研究解决全球性问题。比如，一些发达国家在锅炉设备的高效节能方面拥有先进技术，而一些发展中国家则在环境污染治理上有一定经验，双方可以互相借鉴、合作共赢。

国际合作可以提升锅炉设备及系统研究的水平和影响力。通过参与国际合作项目，可以与国际上一流的科研机构和企业展开合作，共同攻克技术难题，推动绿色技术在全球范围内的推广和应用。通过与国际合作伙伴的交流与合作，可以不断提升自身的技术水平和科研能力。

国际合作可以促进锅炉设备的技术标准化和国际化。在国际合作项目中，各国可以共同制定行业标准和规范，推动锅炉设备技术的规范化和标准化，提高行业整体水平。同时，加强与国际组织和标准制定机构的合作，可以促进技术标准的国际化，为锅炉设备的国际贸易和合作提供更加便利的条件。

总的来说，国际合作为锅炉设备及系统研究提供了广阔的发展空间和合作机会，在绿色技术领域的合作必将促进全球绿色技术的发展和推广，推动全球环保事业取得更大进展。我们期待着通过国际合作，共同推动绿色技术的发展，为建设美丽家园作出更大的贡献。

(四) 产学研合作前景

未来，在锅炉设备及系统研究领域，国际合作前景广阔。随着全球经济一体化的深入发展，各国之间在技术创新、人才培养等方面的合作愈发密切。国际合作可以促进知识和技术的共享，加快科研成果的转化和应用，推动全球锅炉技术的进步。

在产学研合作方面，不仅是学术界与工业界的合作，也要加强与政府间和国际机构的协作。产学研合作可以促进学术成果的应用，推动产业技术的更新换代，提高企业综合竞争力。同时，学术界和研究机构也能通过产业合作获得更多实践经验，拓展研究领域，推动学术研究的深入发展。

未来，随着人工智能、大数据等新技术的广泛应用，锅炉设备及系统研究也将迎来新的发展机遇。技术创新将推动锅炉设备性能的不断提升，降低能源消耗、改善环境污染。因此，产业界、学术界和研究机构应加强合作，共同开展创新研究，推动锅炉技术朝着更加高效、环保的方向发展。

总的来说，锅炉设备及系统研究在未来有着广阔的发展前景。国际合作将助力技术创新和学术进步，产学研合作将促进产业发展和人才培养。只有不断加强合作，锅炉设备及系统研究才能实现可持续发展，为社会经济发展做出更大的贡献。

第六章　未来锅炉设备及系统研究方向展望

第一节　锅炉节能技术研究

一、高效燃烧技术

（一）低氧燃烧技术

未来，随着能源危机和环境污染日益加剧，锅炉节能技术的研究将更加重要。在锅炉设备及系统研究中，高效燃烧技术和低氧燃烧技术将成为主要方向之一。

高效燃烧技术是提高锅炉燃烧效率的重要手段，降低燃料消耗和排放物的排放。通过优化燃烧系统的设计和控制，减少燃烧过程中的能量损失，提高热效率。同时，减少氮氧化物和二氧化碳等有害气体排放。在未来的研究中，可以探索更先进的燃烧技术，如超细粉煤的应用、燃气轴流燃烧器等技术的发展。

低氧燃烧技术是一种新型的燃烧技术，通过控制燃烧室内的氧气含量，实现燃烧过程中热量的更有效利用。低氧燃烧技术可以有效降低燃料消耗，减少氮氧化物和硫氧化物等有害气体的排放。未来的研究可以进一步优化低氧燃烧技术，提高其适用范围和效率，促进其在工业锅炉中的应用。

总的来说，未来锅炉设备及系统研究的方向将更加注重节能减排，优化燃烧技术，提高锅炉的热效率。高效燃烧技术和低氧燃烧技术将成为未来研究的重点和发展趋势，为我国锅炉行业的发展贡献力量。

（二）压煤烧炉技术

未来压煤烧炉技术的研究将主要集中在提高能源利用效率和降低排放排量的方向上。高效燃烧技术是未来的发展重点之一。通过优化燃烧过程，提高燃烧效率，减少煤的消耗和燃烧产生的废气排放，实现节能减排的目标。其中，采用先进的燃烧控制技术，包括多点燃烧、燃烧参数在线监测和调整等，可以有效提高燃烧效率，降低燃烧损失。

环保技术在压煤烧炉技术研究中也占据重要位置。随着环保意识的提高和环境标准的不断提升，煤热电厂对排放的要求也越来越严格。因此，未来的压煤烧炉技术研究将更加注重烟气净化和排放控制技术的创新。例如，利用脱硫、脱硝、除尘等技术减少二氧化硫、氮氧化物和颗粒物等有害物质的排放，保护环境，减少对大气的污染。

同时，随着智能化技术的发展，未来的压煤烧炉技术也将向智能化、自动化方向发展。利用先进的传感技术和智能控制系统实现锅炉设备的智能监测与管理，提高设备运行效率，降低维护成本，保障设备安全稳定运行。

总的来说，未来压煤烧炉技术的研究方向将主要集中在节能、环保和智能化方面。通过燃烧技术的改进、环保技术的应用和智能化控制系统的引入，实现锅炉设备的高效、清洁、安全运行，实现可持续发展的目标。希望未来压煤烧炉技术的研究能够取得更大突破，为能源行业的发展做出更大贡献。

(三) 预混燃烧技术

预混燃烧技术作为一种新型的燃烧技术，其在提高锅炉能效方面具有巨大潜力。预混燃烧技术通过在燃烧过程中将燃料和空气进行混合，可以有效地控制燃烧过程，减少燃料的消耗和排放物的排放。预混燃烧技术还可以提高燃料的燃烧效率，降低燃烧过程中的热损失，从而提高锅炉的能效。

目前，国内外许多研究机构和企业都在积极开展预混燃烧技术在锅炉领域的应用研究。他们通过模拟实验和现场试验，不断优化预混燃烧技术的参数设置和控制策略，提高预混燃烧技术在锅炉中的应用效果。一些最新的研究成果表明，采用预混燃烧技术可以将锅炉的能效提高 10% 以上，大降低燃料成本和环境污染。

未来，随着预混燃烧技术的不断深化和应用范围的扩大，相信这项技术将在锅炉能效方面发挥更加重要的作用。同时，我们也期待更多的科研机构和企业能够加大研发投入，为预混燃烧技术的进一步发展提供更多支持与保障。只有不断推动技术创新，锅炉设备及系统的研究才能朝着更加节能环保的方向迈进，为人类的可持续发展贡献力量。

(四) 微尘燃烧技术

微尘燃烧技术作为一种新型的燃烧技术，在未来锅炉设备中具有广阔的应用前景。与传统燃烧技术相比，微尘燃烧技术能够更充分地利用燃料能量，实现燃烧效率的极大提高。微尘燃烧技术还能降低燃烧过程中产生的污染物排放量，有利于减少对环境的影响。

然而，微尘燃烧技术在未来应用中也面临着一些技术挑战。微尘燃烧技术的研究和开发需要深入研究燃料的物理化学特性，以实现对微尘燃烧过程的精准控制。

微尘燃烧技术的实际应用需要考虑到设备结构的优化设计,以适应微尘燃烧对设备材料的要求。

微尘燃烧技术还需要克服燃烧过程中产生的高温、高压等条件下导致的设备损耗问题,提高锅炉设备的稳定运行性和寿命。因此,未来在微尘燃烧技术的研究与应用中,需要不断加强理论研究和实践经验总结,积极探索技术创新,以推动锅炉设备及系统的发展。

总的来说,微尘燃烧技术在未来锅炉设备中的应用前景十分广阔,但也需要在技术创新和设备优化方面持续努力,以实现对能源的更有效利用和环境保护的双重目标。希望未来可以有更多的研究和实践成果推动微尘燃烧技术在锅炉设备中的应用,为能源领域的可持续发展做出贡献。

(五)燃煤气化技术

未来燃煤气化技术在锅炉节能领域的研究方向和发展趋势主要集中在提高燃料利用效率和减少污染排放方面。在燃煤气化技术的研究方向上,将不断探索新型的气化材料和气化工艺,以提高气化效率和降低气化温度,从而减少煤炭消耗和减少二氧化碳排放。在锅炉设备方面,研究人员将致力于开发更加高效的燃烧器和换热器,以提高锅炉的燃烧效率和换热效率,减少能源浪费和降低污染物排放。

未来燃煤气化技术还将注重锅炉系统的智能化和集成化研究。通过引入先进的监控和控制技术,实现锅炉设备的自动化运行和优化调控,提高系统的整体性能和节能效果。同时,将锅炉与余热利用设备、废气处理设备等有机结合,形成一体化的系统解决方案,进一步提高能源利用效率和减少环境污染。

总的来说,未来燃煤气化技术在锅炉节能领域的研究方向将更加注重全面的系统优化和综合效益,不仅要提高燃烧和换热效率,还要降低能源消耗和环境排放。只有通过不断创新和技术升级,才能实现锅炉设备和系统的高效节能,为能源可持续发展和环境保护做出更大贡献。

二、烟道余热回收技术

(一)烟气余热利用装置

随着绿色环保理念的深入人心,烟气余热利用装置成为了热能行业的研究热点之一。未来,随着科技的不断进步和创新,烟气余热利用装置将会朝着更高效、更智能、更环保的方向发展。

未来烟气余热利用装置的发展方向将是提高能量利用率。通过优化设备结构和提高传热效率，减少系统能量损失，实现能源的高效利用。智能化技术将被广泛应用。通过加入智能控制系统，实现对烟气余热利用装置的自动监测和调节，实现设备的智能化运行管理，提高设备的可靠性和稳定性。

未来烟气余热利用装置的技术改进方向还包括降低对环境的影响。烟气处理和净化技术将得到进一步加强，减少对大气环境的污染。同时，对废水、废气的资源化利用也将成为未来烟气余热利用装置研究的重点之一。

(二) 烟气余热回收原理

烟气余热回收是目前锅炉节能领域中的研究热点之一。其基本原理是通过回收燃烧过程中产生的烟气中的余热，利用换热器将余热传递给水，使其升温，从而实现能源的有效利用。这项技术不仅可以提高锅炉的热效率，降低能源消耗，还可以减少二氧化碳等排放物的排放，具有显著的环保效益。

未来在锅炉节能领域中，烟气余热回收技术将会发挥更加重要的作用。随着能源资源的日益紧缺和环境污染的加剧，利用烟气余热回收技术可以最大限度地提高能源利用效率，减少环境污染，符合可持续发展的要求。因此，烟气余热回收技术将成为未来锅炉节能的发展方向之一。

在烟气余热回收技术的应用前景方面，随着科技的不断进步和创新，新型的换热器材料和结构设计将会不断涌现，提高烟气余热的回收效率。同时，智能化控制系统的应用也将使烟气余热回收更加智能化、高效化，实现对锅炉运行状态的实时监测和优化控制，进一步提高能源利用效率。

总的来说，烟气余热回收技术在未来的发展中将发挥重要作用，为锅炉节能领域的发展带来更多的机遇和挑战。通过不断提升技术水平和推动产业升级，可以实现锅炉设备及系统在节能环保领域的可持续发展，为建设资源节约型、环境友好型社会做出贡献。

(三) 热传导技术

未来锅炉设备及系统研究将更加注重节能技术的研究和应用。其中，烟道余热回收技术是一个备受关注的研究领域。通过对烟气中的余热进行回收利用，不仅可以提高锅炉的能效，还可以降低能源消耗，减少碳排放，符合环保和可持续发展的要求。

热传导技术也将成为未来锅炉设备研究的重要方向之一。随着科技的不断发展，新材料、新工艺的应用将可以提高热传导效率，使锅炉在工作过程中更加节能高效。例如，利用纳米材料的热传导性能优势，可以提高传热效率，减少能源消耗。

在锅炉系统设计方面，智能化技术也将成为一个重要的研究方向。智能化控制系统可以实现对锅炉运行状态的实时监测和调控,提高系统的稳定性和安全性,同时也可以在一定程度上减少人工干预,提高设备的运行效率。

总的来说,未来锅炉设备及系统研究将以节能、环保、高效为核心,不断探索新技术、新材料的应用,实现锅炉设备在能源利用方面的持续改进和创新。这将为实现能源可持续利用和减少碳排放做出重要贡献。

(四) 热泵技术

未来,在锅炉节能领域,热泵技术将成为研究的重点之一。热泵技术是一种利用高温热源产生低温热能的技术,能够有效地提高能源利用率,降低能耗。在锅炉系统中,通过引入热泵技术,可以实现对排烟和废热的回收利用,有效提高燃烧效率,降低二氧化碳排放,达到节能减排的目的。

未来的锅炉设备和系统研究还将聚焦于智能化控制和优化调节。通过引入先进的智能控制系统和传感器技术,实现对锅炉运行状态、燃烧效率、排放情况等参数的实时监测和调节,提高系统的稳定性和可靠性,降低运行成本,延长设备寿命。

随着环保意识的不断增强,未来锅炉设备和系统的研究还将注重环保技术的应用。例如,引入燃煤减排技术、烟气脱硫脱硝技术等,进一步降低燃煤锅炉的排放标准,保护环境,改善空气质量。

未来锅炉设备及系统研究将致力于提高能源利用率、降低能耗、提高系统稳定性和环保水平。热泵技术、智能化控制和环保技术将成为未来锅炉节能领域的重要研究方向,为推动锅炉行业的可持续发展和环保减排做出重要贡献。

(五) 烟气尾气处理技术

燃煤锅炉在使用过程中会产生大量的烟气,其中包含了大量的有害物质。烟气尾气处理技术的研究和应用旨在减少燃煤锅炉烟气排放对环境的污染。通过采用先进的烟气尾气处理技术,可以有效降低二氧化硫、氮氧化物等有害物质的排放浓度,提高燃烧效率,实现炉内污染物的减排和资源的综合利用。同时,尾气处理技术的研究还可以有效降低锅炉的能耗,降低运行成本,提高锅炉的经济效益。在未来的研究中,应当不断完善烟气尾气处理技术,提高处理效率,降低处理成本,推动燃煤锅炉工业的可持续发展。

燃煤锅炉在使用过程中排放大量的烟气是不可避免的事实。这些烟气中包含着大量的有害物质,对环境造成了严重的污染。因此,烟气尾气处理技术的研究和应用显得尤为重要。通过采用先进的烟气尾气处理技术,可以有效地减少二氧化硫、氮氧化物等有害物质的排放浓度,同时提高燃烧效率,实现炉内污染物的减排和资源的综合利用。

尾气处理技术的研究不仅有助于保护环境,同时也可以有效降低锅炉的能耗。这种技术的应用可以降低运行成本,提高锅炉的经济效益,为企业带来实在的经济效益。在未来的研究中,应当不断完善烟气尾气处理技术,提高处理效率,降低处理成本,以此推动燃煤锅炉工业的可持续发展。

随着技术的不断进步和环保意识的提高,烟气尾气处理技术将会得到更广泛的应用。只有不断改进技术,提高处理效率,才能更好地保护环境、提升经济效益。烟气尾气处理技术的发展不仅关乎企业的发展现状,更涉及到整个社会的环境保护和可持续发展。只有不断创新,才能实现燃煤锅炉的可持续发展,为我们的未来生活营造更加清洁、健康的环境。

三、辅助设备能效提升

(一)汽锅光伏一体化技术

锅炉节能技术一直是研究的热点之一。随着社会的进步和环保意识的提高,锅炉设备的节能性能越来越受到重视。在未来的研究中,我们可以通过对锅炉节能技术的不断改进,提高锅炉设备的能效,降低能耗,减少污染排放,保护环境。同时,辅助设备在锅炉系统中发挥着重要作用,提升辅助设备的能效也是未来研究的重要方向之一。汽锅光伏一体化技术的应用将为锅炉设备的发展带来新的机遇与挑战。通过整合光伏技术,实现汽锅光伏一体化,不仅可以提高锅炉系统的能源利用效率,还可以实现清洁能源的替代,为实现绿色、可持续发展打下坚实基础。因此,在未来的研究中,我们将继续探索锅炉节能技术、辅助设备能效提升以及汽锅光伏一体化技术的发展方向,为锅炉设备及系统的可持续发展贡献力量。

(二)锅炉朔体改造技术

锅炉朔体改造技术是当前锅炉设备改进的重点方向之一,通过对锅炉各个部件的结构、材料和工艺进行改良和升级,可以提升整体设备的性能和效率。这项技术的研究不仅可以延长锅炉的使用寿命,降低维护成本,还可以提高能源利用率,减少能源消耗。在未来的发展中,锅炉朔体改造技术有望成为锅炉设备行业的重要发展方向之一。

在锅炉朔体改造技术方面,需要综合考虑锅炉运行环境、圈管布置、水平和垂直布置、管束结构等多方面因素,以实现最佳的改造效果。针对不同类型的锅炉设备,需要采用不同的改造方案,确保改造后的设备性能稳定可靠。除了改进锅炉的结构和材料外，还可以利用新型材料和先进技术，如复合材料、纳米技术等，来提升设备的性能和效率。

通过锅炉朔体改造技术的研究和应用，可以推动整个锅炉设备行业的发展，提升锅炉设备的能效和环保水平。未来随着科技的进步和工艺的改进，锅炉朔体改造技术有望实现更大的突破，为我国能源行业的发展做出更大的贡献。

（三）锅炉汽缸分离技术

锅炉节能技术研究是当前研究的热点之一，其中辅助设备能效提升是提升整个系统效率的关键。而在这一领域，锅炉汽缸分离技术的应用将成为未来的趋势。锅炉汽缸分离技术的研究意义重大，通过对此技术的深入探讨和应用，可以实现对锅炉系统的精准控制，提高锅炉系统的稳定性和可靠性。同时，锅炉汽缸分离技术还可以帮助锅炉系统实现更高的能效利用率，降低能源消耗，减少环境污染。在未来的研究中，锅炉汽缸分离技术将继续得到深入研究和应用，为锅炉设备及系统的发展提供重要支撑。

（四）燃煤电缆技术

锅炉节能技术研究是当前锅炉设备及系统研究的重要方向之一，辅助设备的能效提升对于提高整个锅炉系统的效率具有重要意义。燃煤电缆技术作为一种新兴的技术，在未来也将对锅炉设备的运行和效率产生深远影响。研究和应用燃煤电缆技术，将有助于提高锅炉系统的稳定性和安全性，减少能源消耗，实现能源的更加有效利用。希望未来的研究能够深入探讨锅炉节能技术的关键问题，为我国锅炉设备及系统的发展做出更大的贡献。

第二节　锅炉安全性能优化研究

一、传热表面清洁技术

（一）喷嘴自动清洗技术

喷嘴自动清洗技术是未来锅炉设备研究中的重要方向之一，通过该技术的应用，可以有效地提高锅炉的效率和运行稳定性，减少清洗维护的工作量，降低运行成本，同时也可以减少因堵塞或污垢引起的故障和事故的发生。该技术的研究和应用将为锅炉设备的运行和管理带来重要的推动作用。

(二)清灰装置

清灰装置是锅炉设备中非常重要的部件,其作用在于有效清除锅炉内部的灰尘和积碳,确保锅炉系统的正常运行。目前,清灰装置的研究和应用已经取得了一定的成果,但仍然存在一些问题和挑战。未来的研究方向主要集中在提高清灰装置的清洁效率、降低清洁成本、减少清洁对环境的影响等方面。只有持续不断地改进和创新,才能更好地满足锅炉设备的清洁需求,确保其安全稳定运行。

(三)烟道脱灰技术

烟道脱灰技术在锅炉设备中起着至关重要的作用。随着环保政策的日益严格,烟尘排放的控制成为了关注焦点。烟道脱灰技术可以有效地减少排放的颗粒物,保障环境的清洁与健康。

目前市场上存在着多种不同的脱灰技术,比如电袋式脱灰、旋风脱灰、湿法脱灰等。每种技术都有其独特的优点和局限性。电袋式脱灰适用于高温、高电阻尘气,具有高效除尘效果;旋风脱灰适用于粗粒或湿性颗粒物的分离;湿法脱灰则适用于含湿气的气体,可以有效降低粉尘爆炸的危险。

然而,不同脱灰技术的选择需要根据具体情况来决定。考虑到成本、效率、可靠性等方面的因素,工程师需要综合考虑各种因素,选择最适合的脱灰技术。同时,随着科技的不断发展,新的脱灰技术也在不断涌现,如静电脱尘技术、光氧催化技术等。

烟道脱灰技术的研究与应用将继续成为锅炉设备及系统研究的重要方向之一。只有不断创新和提升脱灰技术,才能更好地满足环保要求,保障锅炉设备的稳定运行和安全性能。希望未来在锅炉设备及系统研究中,能够有更多更好的突破和创新,为环保事业做出更大的贡献。

(四)换热管道清洗技术

换热管道清洗技术在锅炉设备中占据着非常重要的地位。换热管道清洗是保障锅炉设备正常运行的关键措施之一,有效清洁换热管道可以提高热交换效率,降低能耗,延长设备寿命,减少故障率,保障设备安全运行。目前,市面上有多种换热管道清洗技术可供选择,如化学清洗、机械清洗、超声波清洗等,各种清洗技术都有其适用的场景和效果。

化学清洗是最常见也是最传统的清洗方式之一,通过使用化学溶剂来溶解、去除管道内的污垢和沉积物,具有清洁效果明显、操作简单等优点。而机械清洗则是利用高压水流或机械装置在管道内部进行清洗,可以有效地清除硬质沉渣和堵塞物,具有清洁彻底、速度快等特点。超声波清洗则是通过超声波振动作用在管道内部对污垢进行剥离,具有无需拆卸设备、不会破坏管道等优点。

不同的清洗技术在不同的情况下都会有着不同的效果和适用性。在选择清洗技术时,需要根据具体的情况来综合考虑,包括管道结构、污垢类型、清洗效果要求等因素。未来,随着科技的发展和创新,相信换热管道清洗技术会有更多的突破和进步,为锅炉设备的运行提供更好的保障。

(五)锅炉内部定期保养

锅炉内部定期保养是确保锅炉长期稳定运行和延长设备寿命的重要措施。保养内容主要包括清洗、检查、调节和润滑等步骤。清洗是必不可少的步骤,因为锅炉内部会积累灰尘和污垢,影响燃烧效率和热传递效果。检查各部分零部件的工作状态,及时发现故障并进行维修或更换。同时,对锅炉进行调节,保证各项参数符合设定要求,确保设备正常运行。润滑是锅炉保养的重要环节,适时给予各处部件适量的润滑油,减少摩擦,延长设备使用寿命。

保养频率也是关键,一般建议对中小型锅炉进行每月一次的保养,大型锅炉则每季度进行一次全面的保养。而在重大节日或长时间未使用后,还需进行一次全面的大修,确保设备状态良好。在进行保养时,要严格按照技术标准和操作规程进行,确保养效果和安全性。

锅炉内部定期保养对于提高锅炉能效、延长使用寿命、减少故障率是至关重要的。只有经过定期的维护保养,才能确保锅炉设备在长期运行中保持良好的状态,满足生产生活的需求。未来,随着科技的不断发展和创新,锅炉设备及其系统的研究方向将更加注重节能技术、安全性能以及设备寿命的延长。希望通过不断的研究和实践,为锅炉设备行业的发展贡献更多的力量。

二、安全监测预警系统

(一)无人监控系统

无人监控系统在锅炉设备中的应用越来越广泛,其主要优势在于能够实现24小时不间断监控,并及时发现问题。这种系统可以对锅炉运行状态、温度、压力等参数进行实时监测,自动报警并采取相应的措施,保障了锅炉设备的安全稳定运行。

目前,市场上有各种类型的无人监控系统,包括基于传感器技术的智能监控系统、远程监控系统、视频监控系统等。这些系统都可以实现对锅炉设备的全面监测和控制,提高了设备的运行效率和安全性。

在无人监控系统中,通过传感器实时监测锅炉的各项参数,并将数据传输到中央控制系统进行分析处理。一旦发现异常情况,系统会立即发出警报,提醒操作人员及时处理,从而避免了因操作不当或设备故障导致的安全事故。

远程监控系统可以实现对多个锅炉设备的集中管理,提高了生产效率和设备利用率。通过网络连接,操作人员可以随时随地监控锅炉设备的运行情况,及时处理异常情况,确保设备长时间稳定运行。

视频监控系统则可以实现对锅炉设备及其周围环境的实时监控,进一步提高了设备的安全性和生产效率。通过视频监控,操作人员可以随时了解设备运行情况,及时发现问题并进行处理,保障了设备的安全稳定运行。

无人监控系统在锅炉设备中的应用极大地提高了设备的安全性和运行效率,是未来锅炉设备研究中的重要方向之一。

(二) 智能传感器技术

智能传感器技术在安全监测预警系统中的应用是当前锅炉设备研究的重要方向之一。传感器技术通过实时监测锅炉运行状态和环境参数,可以实现对锅炉设备的安全性能进行全面监测和评估。不同类型的传感器技术可以监测锅炉内部的温度、压力、流量等关键参数,从而及时发现设备异常并进行预警处理。

传感器技术的优势在于其高精度、快速响应和全方位监测能力。通过传感器技术,可以实现对锅炉设备的实时监测,提高设备运行的安全性和稳定性。同时,传感器技术还可以实现对设备节能效果的监测和评估,为锅炉节能技术研究提供重要数据支持。

在未来的锅炉设备及系统研究中,智能传感器技术将会发挥越来越重要的作用。随着传感器技术的不断发展和成熟,将会有更多的新型传感器技术应用于锅炉设备的安全监测预警系统中,进一步提高设备的安全性能和能效表现。

总的来说,智能传感器技术在安全监测预警系统中的应用为锅炉设备的研究和发展带来了新的机遇和挑战。未来,随着智能传感器技术的不断完善和普及,相信锅炉设备及系统的研究会迎来更加广阔的发展空间。

(三) 数据分析及预测

在安全监测预警系统中,数据分析及预测起着至关重要的作用。通过对大量数据的分析,可以及时识别出潜在的问题,预测可能发生的故障,并采取相应的措施进行预防和处理。而在这个过程中,不同的数据分析方法和预测技术也起着不同的作用。

数据分析方法包括传统的统计分析方法、机器学习方法和深度学习方法等。统计分析方法主要用于对历史数据的分析，从中找出规律和趋势。机器学习方法则更加注重模式的学习和预测，通过建立模型实现对未来数据的预测。而深度学习方法则可以更加深入地挖掘数据之间的关联性，进而实现更加准确的预测。

预测技术包括基于物理模型的预测和基于数据驱动的预测。基于物理模型的预测是基于对锅炉设备运行原理和特性的深入理解进行预测。而基于数据驱动的预测则是通过对大量历史数据进行分析来建立预测模型，预测未来的锅炉设备运行状态和可能的故障。

综合利用不同的数据分析方法和预测技术，可以有效地提高安全监测预警系统的准确性和可靠性，为锅炉设备的安全运行提供有力的支持。未来，随着各种技术的不断发展和完善，数据分析及预测在安全监测预警系统中的作用将会越来越重要，为锅炉设备及系统的研究提供更多的可能性和机遇。

三、燃烧控制技术

（一）自动控制系统

自动控制系统在燃烧控制技术中扮演着至关重要的角色。通过自动控制系统，燃料的供给、风量的调节以及燃烧过程监控都能够实现自动化，从而提高燃烧效率，降低能耗，减少污染物排放。

不同类型的自动控制系统有不同的特点和优势。例如，PID 控制系统是一种常用的控制系统，可以根据偏差、积分偏差以及微分项的大小来调节控制参数，实现对燃烧过程的精准控制。而基于模型的预测控制系统则能够结合数学模型对燃烧过程进行预测，并根据预测结果调整控制参数，提高控制精度。

自动控制系统的优势在于其能够实现燃烧过程的智能化管理。通过监测燃烧过程中的各项参数，并根据预先设定的控制策略进行调节，自动控制系统能够确保燃烧过程的稳定性和高效性。同时，自动控制系统还能够实现对锅炉设备的远程监控和管理，提高运行效率和安全性。

未来，随着信息技术的不断发展和智能化水平的提升，自动控制系统在燃烧控制技术中的应用将更加广泛和深入。我们可以期待，通过不断创新和技术改进，自动控制系统将为锅炉设备带来更多的价值和优势，为实现绿色、高效的能源利用做出重要贡献。

(二) 智能化调节技术

随着科技的不断进步，智能化调节技术在燃烧控制中的应用已经成为锅炉设备及系统研究的热点之一。不同于传统的手动控制方式，智能化调节技术可以根据燃烧过程中的实时参数进行精确调节，提高燃烧效率，降低能源浪费，减少排放物的排放量，进而实现节能环保的目的。

在燃烧控制中，智能化调节技术的特点主要体现在以下几个方面：一是更加精准的控制能力，通过高精度传感器和先进的控制算法，可以实时监测和调整燃烧过程中的关键参数，实现更加精准的控制。二是更高效的燃烧效率，智能化调节技术可以根据燃烧状况实时调整供气量和供气时间，确保燃烧效率最大化，同时减少燃料的浪费。三是更加安全可靠，智能化调节技术能够实时监测燃烧过程中的安全状态，及时预警并采取措施，确保锅炉运行安全稳定。

未来，随着智能化调节技术的不断发展和应用，将进一步提升锅炉设备及系统的整体性能，实现节能降耗、环保减排的目标。同时，随着社会对环保和能源安全的要求不断提高，智能化调节技术也将成为锅炉设备及系统研究的重要发展方向，促进锅炉行业的转型升级和可持续发展。

(三) 安全防护机制

安全防护机制：未来的锅炉设备及系统研究方向将重点关注安全防护机制的研究，以确保锅炉在运行过程中能够稳定可靠地工作，防止因意外情况发生而导致任何安全隐患。安全防护机制将涉及到多方面的技术和设备，包括但不限于预警系统、自动紧急停机装置、安全阀等。通过对这些设备的研究和改进，可以减少事故发生的可能性，保障人员和设备的安全。在未来的研究中，科研人员将致力于提高安全防护机制的智能化程度和响应速度，以应对各种突发情况，确保锅炉设备能够稳定、高效地运行。

在未来的研究中，除了关注安全防护机制的研究，还将重点关注锅炉设备和系统的智能化和自动化技术。通过引入先进的智能控制系统和自适应算法，可以实现对锅炉设备的自动监测和调节，提高设备运行的稳定性和效率。在节能减排方面，科研人员将致力于提高锅炉设备的能源利用效率，减少对环境的影响。同时，随着信息技术的不断发展，锅炉设备还将与大数据、云计算等技术相结合，实现设备运行数据的实时监测和分析，为设备维护和管理提供更加科学的依据。未来的锅炉设备及系统研究还将关注材料和结构的创新，以提高设备的耐用性和安全性，延长设备的使用寿命。综合利用多种技术手段和方法，将进一步推动锅炉设备的发展，实现设备的更加智能、高效和安全的运行状态。

(四) 煤粉自动供给技术

煤粉自动供给技术是锅炉设备中的重要技术之一。通过研究和应用煤粉自动供给技术，可以有效提升锅炉的工作效率，降低能耗，减少人工操作的繁琐程度。煤粉自动供给技术的研究方向主要集中在提高供煤稳定性、提高供煤精度、降低供煤成本等方面。在未来的研究中，需要进一步改进煤粉自动供给技术的精准度和稳定性，以及提高其适用范围和灵活性。同时，结合现代智能控制技术，将煤粉自动供给技术与锅炉系统的其他部件进行无缝集成，实现整个系统的高效运行和智能化管理。这将是未来锅炉设备及系统研究的重要方向之一。

四、爆炸抑制技术

(一) 爆炸隔离技术

在锅炉设备及系统研究领域中，爆炸隔离技术是一项至关重要的研究内容。通过对爆炸抑制技术的深入研究和改进，爆炸隔离技术得以逐步完善，为锅炉设备的安全性能提升提供了有力保障。在未来的发展中，爆炸隔离技术将继续受到重视，研究者们将努力探索更加高效和可靠的隔离技术，以应对各种潜在的爆炸风险。通过提升爆炸隔离技术的研究水平，可以有效减轻爆炸事故对设备和人员造成的危害，实现锅炉设备的安全稳定运行。

(二) 安全气囊装置

安全气囊装置是锅炉设备中的一个重要部件，其作用在于在发生意外情况时提供一定的安全保护。通过对安全气囊装置的研究和优化，可以进一步提高锅炉的安全性能。同时，爆炸抑制技术也是当前研究的热点之一，通过引入先进的爆炸抑制技术，可以有效减少爆炸事故对锅炉设备造成的损失。未来的研究方向将聚焦于锅炉节能技术和辅助设备的能效提升，以及锅炉安全性能的优化，进一步提高锅炉设备的稳定性和安全性。

(三) 自动灭火系统

自动灭火系统是锅炉设备中的重要安全保障，能够在遇到火灾情况时及时有效地进行灭火，避免事故的发生。通过对自动灭火系统的研究和改进，可以提高锅炉设备的安全性能，保障运行过程中的安全稳定。同时，自动灭火系统的发展也将不断完善，应用更先进的技术手段来提升灭火效率，进一步提高锅炉设备的安全性能。

在锅炉设备及系统研究中，爆炸抑制技术是一个重要的研究方向。通过对爆炸抑制技术的研究，可以有效防止锅炉设备在运行过程中发生爆炸事故，提高设备的安全性和稳定性。未来，随着技术的不断进步和发展，爆炸抑制技术将会越来越智能化和高效化，为锅炉设备的安全提供更可靠的保障。

辅助设备的能效提升是锅炉节能技术研究的重要内容之一。通过对辅助设备的能效进行提升，可以有效减少能源的消耗，降低运行成本，提高设备的整体效率。在未来锅炉设备及系统研究中，需要不断优化辅助设备的结构和性能，开发更节能环保的技术手段，促进设备能效的提升。

锅炉设备的安全性能优化研究也是一个重要的研究方向。通过对锅炉安全性能的优化研究，可以提高设备的安全运行水平，减少事故的发生，保障生产过程中的安全稳定。未来，随着锅炉设备的不断发展和完善，安全性能优化研究也将得到更深入的探讨和应用，为设备的安全运行提供更有力的支持。

(四) 爆炸检测报警技术

爆炸检测报警技术是锅炉设备中的重要部分，通过及时检测和报警，可以有效减少事故发生的可能性，保障设备和人员的安全。随着技术的不断进步，爆炸检测报警技术也在不断完善和提升。通过引入先进的传感器和监测系统，可以实现对爆炸危险的高效监测和预警，从而及时采取措施避免事故的发生。在未来的研究中，我们将继续加强对爆炸检测报警技术的研究，提高其准确性和可靠性，为锅炉设备的安全运行提供更加全面的保障。

(五) 安全排气系统设计

安全排气系统设计的重要性不言而喻，它直接关系到锅炉设备的安全运行。针对安全排气系统设计，需要进行细致的研究和优化，以确保排气系统能够及时、有效地排除锅炉内部产生的有害气体，防止爆炸和其他安全事故的发生。同时，安全排气系统设计还需要考虑节能和环保的因素，达到能耗低、排放少的目标。通过对安全排气系统设计的深入研究和改进，可以提高锅炉设备的安全性能和运行效率，为未来锅炉设备的发展奠定坚实基础。

第三节 绿色环保锅炉研究

一、新能源联合利用技术

(一) 太阳能热水器整合

在未来锅炉设备及系统研究方向展望中，太阳能热水器整合技术将起到重要作用。通过研究和应用太阳能热水器整合技术，能够有效提高锅炉设备的能效，减少能源消耗。这项技术不仅可以实现能源的可持续利用，还可以降低环境污染，推动绿色环保锅炉的发展。通过整合太阳能热水器，锅炉采暖系统的安全性能也将得到优化，大降低了爆炸风险，提高了系统的稳定性。在新能源联合利用技术的框架下，太阳能热水器整合技术将有望与其他新能源设备相互配合，实现能源的高效利用。通过不断探索和研究，太阳能热水器整合技术将会在未来的锅炉设备及系统研究中发挥越来越重要的作用，推动锅炉行业朝着高效、安全、环保的方向发展。

(二) 生物质能发电技术

生物质能发电技术是未来锅炉设备及系统研究中的重要方向之一，通过利用生物质资源进行能源转换，实现清洁、高效的能源利用。生物质能发电技术在锅炉领域具有广阔的应用前景，可以有效减少化石能源的使用，降低碳排放，推动绿色发展。未来，随着技术的不断进步和创新，生物质能发电技术将更加成熟和完善，为锅炉设备及系统的发展提供强大的支持。

生物质能发电技术的研究重点包括生物质能源的种类与利用、生物质燃烧过程的优化和控制、燃烧废气处理与减排、生物质能发电装备的设计与改进等方面。通过对生物质资源的深入开发利用，不仅可以有效解决能源紧缺问题，还能提高能源利用效率，推动能源革新。当前，生物质能发电技术已经取得了一定的进展，但仍面临着一些挑战和难题，需要进一步加强研究和探索，推动技术突破和创新，为锅炉设备及系统的可持续发展贡献力量。

未来，随着社会对清洁能源的需求不断增加，生物质能发电技术将迎来更广阔的发展空间。在政策扶持和技术支持下，生物质能发电技术将更加成熟和普及，为我国能源转型升级提供有力支撑。通过加强国际合作与交流，共同探讨生物质能发电技术的前沿问题和发展趋势，促进技术创新和经验分享，推动生物质能发电技术在锅炉领域的广泛应用，实现清洁高效能源的可持续利用。

(三) 热泵储能系统

热泵储能系统是一种新兴的能源存储技术，可以有效提高能源利用率。热泵储能系统通过吸收、压缩、传输和释放热量，实现能源的储存和释放，为能源领域带来了全新的解决方案。研究人员正在积极探索热泵储能系统在锅炉设备及系统中的应用，以实现能源的高效利用和节能减排的目标。通过不断优化系统结构和工艺流程，提高系统热能转换效率，可以更好地满足不同环境条件下的能源需求，推动绿色环保锅炉的发展。未来，随着新能源联合利用技术的不断完善和发展，热泵储能系统将在锅炉设备及系统中发挥越来越重要的作用，为我国能源领域的可持续发展提供有力支撑。

(四) 余热发电技术

余热发电技术是一种能够有效利用余热资源，实现能源的高效利用的技术。通过余热发电技术，我们可以将工业生产中产生的废热转化为电能，不仅可以提高能源利用率，减少能源浪费，还能有效降低环境污染。这种技术不仅具有实用性，而且对于实现低碳、清洁生产具有重要意义。在未来的发展中，余热发电技术将会得到更广泛的应用，成为工业节能减排的重要手段之一。通过不断的研究和实践，余热发电技术将不断得到改进和完善，为工业节能、环保和可持续发展做出更大的贡献。

(五) 锅炉供暖换热系统

锅炉供暖换热系统是锅炉设备中不可或缺的重要组成部分，其性能直接影响着锅炉设备的供热效果和能源利用效率。随着社会经济的发展和人民生活水平的提高，人们对供暖设备的要求也日益增加。为了提高供暖系统的效率和性能，需要不断进行研究和优化，以满足人们对舒适生活的需求。

在锅炉供暖换热系统的研究中，节能技术是一个重要方向，通过提高系统能效和减少能耗，可以实现能源的节约利用。同时，锅炉安全性能的优化研究也是至关重要的，保障供暖系统的安全运行，避免发生意外事故。爆炸抑制技术、绿色环保锅炉研究和新能源联合利用技术的应用，也能为供暖系统的发展带来新的突破和机遇。

未来锅炉供暖换热系统的研究方向将主要集中在节能、安全、环保和新能源利用等方面，通过不断创新和完善，为人们提供更加舒适、安全、节能的供暖环境，推动供暖技术的进步和发展。期待在未来的研究中取得更多的突破和进展，为社会和人民群众带来更多实在的福祉。

二、粉尘减排技术

(一) 高效滤尘器

随着社会的发展和环保意识的增强,锅炉设备在节能、安全和环保方面的要求变得越来越高。在锅炉系统中,高效滤尘器的作用不可忽视。高效滤尘器可以有效减少锅炉燃烧过程中产生的粉尘排放,提高环境的整体质量。通过研究高效滤尘器的性能和技术改进,可以为锅炉设备的节能和环保提供有效支持。

高效滤尘器的研究对于降低锅炉系统的粉尘排放量具有重要意义。采用高效滤尘器可以有效过滤排放中的粉尘颗粒,减少对环境造成的污染。同时,高效滤尘器的使用还可以提高锅炉系统的运行效率,降低能耗,实现节能减排的双重目标。

为了进一步提升高效滤尘器的性能,未来的研究方向可以包括在材料、结构和工艺等方面进行创新和改进。通过采用新型材料和先进的制造工艺,可以提高效尘器的过滤效率和寿命,减少维护成本。优化高效滤尘器的结构设计,提高其处理能力和稳定性,从而更好地满足锅炉系统对粉尘减排的需求。

高效滤尘器在锅炉设备及系统研究中扮演着重要的角色。未来的研究将继续致力于提升高效滤尘器的性能,推动锅炉节能环保技术的发展,为建设绿色低碳的社会做出贡献。

(二) 除尘电袋集成技术

随着社会的发展和环境保护意识的增强,绿色环保锅炉研究已成为当前研究的热点之一。其中,锅炉节能技术研究是关键,可以通过提高辅助设备的能效来实现这一目标。同时,锅炉安全性能的优化研究也是不可或缺的,爆炸抑制技术的应用可以有效提升锅炉的安全性能。粉尘减排技术在保护环境方面起着重要作用,而除尘电袋集成技术则是当前研究的热点之一。

除尘电袋集成技术的研究将对未来锅炉设备及系统的发展起到重要的推动作用。这项技术的应用可以有效减少锅炉运行过程中产生的粉尘污染,符合绿色环保的发展理念。通过对除尘电袋集成技术的研究,可以进一步提高锅炉设备的能效,实现节能减排的目标。同时,这项技术的广泛应用也将促进锅炉安全性能的优化,提升锅炉设备的整体性能。

未来,随着科技的不断发展和研究的深入,除尘电袋集成技术将得到进一步完善和推广。以绿色环保为导向,锅炉系统的研究将更加注重节能减排和环境保护。除尘电袋集成技术的不断创新将为锅炉设备及系统的研究提供新的思路和方法,推动锅炉行业的发展迈向更加绿色、安全、高效的方向。

(三) 气态污染物净化技术

气态污染物净化技术是未来锅炉设备研究的重要方向之一，其研究内容涵盖了氮氧化物、硫化物等有害气体的去除和净化。通过对气态污染物净化技术的深入研究和应用，可以有效降低锅炉排放的污染物浓度，提高环境空气质量，保护生态环境。目前，针对气态污染物净化技术的研究主要集中在燃烧优化技术、烟气脱硫和脱硝技术、氨逃逸控制技术等方面。通过不断创新和改进气态污染物净化技术，可以有效促进锅炉能效提升、减少能源消耗，实现绿色环保发展目标。

(四) 技术烟气净化

技术烟气净化是锅炉设备及系统研究中一个十分重要的方向。通过研发和应用相应技术，可以有效减少烟气中有害物质的排放，提高环境空气质量。目前，研究人员已经开展了多项技术烟气净化的项目，旨在降低污染物排放量，改善环境质量。这些技术包括但不限于烟气脱硫、烟气脱硝、烟气脱除等。

在未来的研究中，研究人员还将继续深入探讨技术烟气净化的机理和方法，力求提高净化效率，降低净化成本。他们还将研究开发更加高效、环保的技术，以满足社会对环境保护的更高要求。通过不断的探索和实践，相信技术烟气净化将会取得更大的突破，为锅炉设备及系统的发展做出更大的贡献。

总的来说，技术烟气净化是未来锅炉设备及系统研究中一个至关重要的方向，将为环境保护和可持续发展提供强有力的支持。通过不懈努力和创新，我们相信在不远的将来，技术烟气净化将取得更加显著的成果，为人类创造一个更加清洁、宜居的生活环境。

三、燃煤种类研究

(一) 清洁低硫煤燃烧技术

炉设备及其系统研究正处于蓬勃发展阶段。锅炉节能技术研究正逐步深入，辅助设备能效提升已成为研究重点。同时，锅炉安全性能优化研究正在积极推进，爆炸抑制技术也备受关注。绿色环保锅炉研究正逐渐成为行业发展的新趋势。燃煤种类研究对未来的发展至关重要，清洁低硫煤燃烧技术的研究更是引起了广泛关注。在未来的发展中，这些研究将为锅炉设备及系统的进步注入新的动力，促进行业走向更加绿色、清洁和高效的方向。

(二) 无烟煤使用技术

针对无烟煤使用技术的研究，我们进行了相关的实验和分析。在实验过程中，我们发现了一些潜在的优势和挑战，需要更深入地研究和探讨。通过不断地改进和优化技术，我们相信可以有效地推动无烟煤在锅炉设备中的应用，提高燃烧效率和降低排放。同时，我们也意识到在实际应用中可能会遇到的问题和限制，需要寻求更加全面和可持续的解决方案。我们将继续努力，借助最新的科技手段和理论知识，推动无烟煤使用技术的发展，为锅炉设备及系统研究领域的发展做出贡献。

(三) 高效清洁燃气锅炉

锅炉设备及其系统研究一直是热点领域之一。在未来，锅炉节能技术研究将成为重点方向之一，同时辅助设备能效提升也将得到更多关注。锅炉安全性能的优化研究以及爆炸抑制技术的应用将是重要研究内容。针对环保要求，绿色环保锅炉研究也将是必不可少的课题。燃煤种类研究则可为锅炉设备选择提供更多选择。

在这些重要方向中，高效清洁燃气锅炉的研究也将占据一席之地。通过对燃气锅炉的技术优化，可以实现更高的能效和更低的排放，满足当今社会对清洁能源的需求。高效清洁燃气锅炉的研究不仅具有环保意义，也能为节能减排提供有效解决方案。在未来的研究中，应充分发挥燃气锅炉的优势，不断提升其热效率和安全性能，推动燃气锅炉技术的发展。通过不断创新和改进，打造更加高效清洁的燃气锅炉，为环保事业做出贡献。

(四) 生物质能利用技术

生物质能利用技术在锅炉设备及系统研究中扮演着重要的角色。通过对生物质能利用技术的研究，可以有效提高锅炉设备的能效，降低能源消耗。生物质能利用技术的运用不仅可以减少对传统能源的依赖，还可以有效降低环境污染，实现绿色环保锅炉的研究目标。通过对不同燃煤种类的深入研究，可以更好地了解其特性，为锅炉设备的优化性能提供科学依据。在锅炉安全性能优化研究方面，爆炸抑制技术的应用也是至关重要的，能有效降低锅炉运行过程中可能发生的安全隐患，保障设备及人员的安全。锅炉设备及系统研究未来的发展方向应该围绕着锅炉节能技术研究、辅助设备能效提升、锅炉安全性能优化研究、爆炸抑制技术、绿色环保锅炉研究、燃煤种类研究和生物质能利用技术展开。这些研究方向的深入探讨将为未来锅炉设备及系统的发展提供重要的支持和指导。

四、电力智能交互系统

(一) 智能用电监控系统

电力智能交互系统是当前电力领域的热门研究方向之一,其涉及到智能化、自动化等方面的技术,能够有效提升电力系统的运行效率和安全性。智能用电监控系统作为电力智能交互系统的重要组成部分,具有监测、控制、调度等功能,能够实现对电力设备和用电情况的实时监控和管理,为电力系统的运行提供了有力支持。在未来锅炉设备及系统研究中,智能用电监控系统将发挥越来越重要的作用,为锅炉设备的运行、维护和管理提供更加智能化和便捷的解决方案,从而实现锅炉设备的能效提升、安全性能的优化和绿色环保等目标。通过不断的研究和创新,智能用电监控系统将逐渐成为未来锅炉设备及系统研究领域的重要支撑,推动锅炉技术的发展和进步,为我国的锅炉行业带来更加美好的未来。

(二) 电力调节反馈系统

锅炉节能技术研究是锅炉领域的热点研究之一,同时辅助设备能效提升也是未来发展的趋势。锅炉安全性能优化研究不仅可以提升锅炉的安全性能,还可以减少事故发生的可能性。爆炸抑制技术是关键技术之一,可以有效避免爆炸事故的发生。绿色环保锅炉研究是为了保护环境,推动锅炉行业向更加环保的方向发展。

电力智能交互系统是未来发展的趋势,可以提高电力系统的智能化水平,提升电力系统的效率和安全性。电力调节反馈系统是一种重要的系统,可以提高电力系统的调节能力,保障电力系统的稳定运行。希望通过对电力调节反馈系统的研究,能够进一步完善电力系统,提高电力系统的响应速度和稳定性。未来的锅炉设备及系统研究方向将会朝着节能、安全、环保、智能化的方向不断发展,为锅炉行业的发展注入新的活力。

(三) 能智能家居系统

随着社会的不断发展,人们对于节能环保的需求日益增长,锅炉节能技术研究成为当前研究的热点之一。辅助设备能效提升和锅炉安全性能优化研究是未来发展的重点方向。同时,爆炸抑制技术的应用也是保障锅炉安全运行的重要环节。绿色环保锅炉的研究不仅可以减少能源消耗,还可以减少对环境的污染,是未来发展的必然趋势。

在智能化时代的背景下,电力智能交互系统的应用将极大地提高锅炉设备的效率和运行水平。同时，节能智能家居系统的应用不仅可以提高用户居住环境的舒适度，还可以有效节约能源。未来的研究方向将集中在锅炉节能技术研究和智能化设备的应用，推动锅炉设备及系统不断向更高效、更安全、更环保的方向发展。

第四节 先进材料在锅炉中的应用

一、超级材料在锅炉上的应用

（一）耐高温合金材料

耐高温合金材料在锅炉设备中的应用是当前锅炉技术领域中的热点研究之一。通过使用耐高温合金材料，可以有效提高锅炉设备的耐高温性能和耐腐蚀性能，保障锅炉设备长期稳定运行。在锅炉设计和制造过程中，选用适合的耐高温合金材料可以大延长锅炉设备的使用寿命，降低维护成本。同时，耐高温合金材料的应用也为锅炉设备的节能和环保提供了技术支持。

目前，随着科学技术的不断进步，耐高温合金材料的研究也取得了突破性进展。研究人员们正在不断探索新型的耐高温合金材料，以满足未来锅炉设备对高温、高压和腐蚀等极端工况下的要求。除了对传统耐高温合金材料进行改进外，还在探索开发具有更高耐高温性能和更优异机械性能的新型合金材料，以适应未来锅炉设备的发展需求。

总的来说，耐高温合金材料在锅炉设备中的应用具有重要意义，不仅可以提高锅炉设备的可靠性和安全性，还可以促进锅炉设备的节能环保发展。未来，随着材料科学技术的进一步发展，耐高温合金材料必将在锅炉设备领域发挥更加重要的作用，为锅炉设备的持续稳定运行和技术创新提供坚实支撑。

（二）耐热钢材料

耐热钢材料是锅炉设备中至关重要的一部分，其性能直接影响着锅炉的使用效果和安全性。随着科技的不断发展，耐热钢材料的研究和应用也在不断推进。通过不断创新和改进，耐热钢材料在锅炉中的应用得到了广泛的提升和应用。耐热钢材料的优异性能使得锅炉在高温高压环境下能够稳定运行，同时也大提升了锅炉的安全性能和使用寿命。在未来的研究中，可以进一步深化对耐热钢材料的研究，提高其耐高温、耐腐蚀和耐磨损性能，为锅炉设备及系统的发展奠定更坚实的基础。

(三)耐腐蚀材料

针对未来的锅炉设备及系统研究方向展望,耐腐蚀材料的研究将是非常重要的一项领域。在锅炉运行中,耐腐蚀材料的应用可以有效延长设备的使用寿命,提高设备的稳定性和可靠性。通过研究耐腐蚀材料的性能和特点,可以为未来锅炉的设计和制造提供更多的选择。同时,针对不同类型的腐蚀情况,研究提出相应的防腐措施,进一步保障锅炉设备的安全运行。在未来的研究中,耐腐蚀材料的应用将不断得到完善和优化,为锅炉设备的发展提供更强有力的支持。

(四)耐高压材料

未来锅炉设备及系统研究的重要方向之一在于耐高压材料的应用。在锅炉运行中,高压环境下的材料性能至关重要,耐高压材料的研究与应用对于提升锅炉的工作效率和安全性至关重要。通过对耐高压材料的研究,可以有效提高锅炉的耐压性能,降低因压力问题导致的安全隐患。研究人员在未来锅炉设备及系统研究中将会致力于开发更加耐高压的材料,以满足锅炉运行中的高压要求,进一步提高锅炉设备的安全性和稳定性。通过不断创新和进步,耐高压材料的应用将在未来锅炉设备及系统研究中发挥关键作用,为锅炉设备的性能提升和节能优化奠定坚实基础。

二、先进涂层技术

(一)耐高温涂层

耐高温涂层是未来锅炉设备中的重要组成部分之一,其性能的优良与否直接关系到整个锅炉设备的可靠性和使用寿命。目前,随着科技的不断发展,针对耐高温涂层的研究也日益深入。通过不断改进涂层的组成材料和工艺技术,提高了其在高温环境下的抗氧化、抗磨损等性能,使得耐高温涂层在锅炉设备中扮演着越来越重要的角色。

采用先进的涂层技术,可以有效提高锅炉设备的工作效率,同时降低能耗和排放,实现节能减排的目标。通过对耐高温涂层的研究,不仅可以延长锅炉设备的使用寿命,还可以提高其安全性能,减少事故发生的可能性。因此,未来的锅炉设备及系统研究方向之一就是继续深入研究耐高温涂层技术,不断提升其性能,推动整个锅炉设备行业向着更加智能、环保、高效的方向发展。

在未来的研究中,需要重点关注耐高温涂层的材料选择、工艺改进以及性能测试等方面的问题,通过不断探索创新,为锅炉设备带来更为可靠和高效的耐热涂层,助力推动锅炉设备行业实现可持续发展。希望在不久的将来,通过耐高温涂层技术的不断进步,锅炉设备可以在更加严苛的工作条件下稳定运行,为我国工业生产和能源利用提供更为可靠的支撑。

(二)防腐蚀涂层

锅炉设备及其系统研究领域日新月异,其中防腐蚀涂层技术一直备受关注。通过研究和应用防腐蚀涂层,可以有效延长锅炉设备的使用寿命,提高其稳定性和可靠性,保障生产安全。目前,先进的防腐蚀涂层技术已经在锅炉设备中得到广泛应用,并取得了显著的效果。未来,随着科技的不断进步和研究的深入,防腐蚀涂层技术将会进一步完善和创新,为锅炉设备的长期运行提供更好的保障。

防腐蚀涂层的研究方向主要包括涂层材料的改良与优化、涂层工艺的提升和涂层性能的测试与评估等。通过不断改进涂层材料的性能和结构,提高其抗腐蚀性能和耐高温性能,可以有效延长涂层的使用寿命,并提高其防护效果。同时,优化涂层的工艺流程和施工方法,确保涂层与基材之间的粘接牢固,可以提高涂层的耐磨损性能和耐冲击性能,增加其使用寿命。通过对涂层性能的全面测试和评估,可以及时发现涂层存在的问题,及时改进和优化,确保其长期稳定运行。

总的来说,未来防腐蚀涂层技术的发展方向是不断创新与完善,在不断满足锅炉设备对于抗腐蚀和耐磨损等性能需求的同时,提高其环保性能和经济性能,为锅炉设备的安全稳定运行提供更好的保障。通过不断努力和探索,防腐蚀涂层技术必将在未来的锅炉设备及系统研究中发挥更加重要的作用,为行业的发展和进步贡献力量。

(三)导热涂层

导热涂层是锅炉设备中的一种重要技术,能够有效提高锅炉的传热效率和燃烧效率。通过在锅炉的表面涂覆一层导热涂层,可以加快燃烧室内热量的传输速度,从而提高能源利用率。导热涂层还可以减少锅炉内的热量损失,降低能源消耗。随着材料科学和涂层技术的不断发展,未来导热涂层在锅炉设备中的应用前景将会更为广阔,为实现锅炉节能、环保和安全性提供新的技术支持。

(四)耐火涂层

耐火涂层是一种广泛应用于锅炉设备中的一种特殊涂层技术。通过对耐火材料的涂覆,可以有效提高锅炉设备的耐高温性能,提升其稳定性和安全性。这种涂层技术在锅炉功能性上具有重要意义,能够有效增强锅炉的耐热性和耐磨性,延长其使用寿命，提高设备的工作效率和性能稳定性。同时，耐火涂层还能有效减少设备的能耗和对环境的影响，实现绿色环保的目标。在未来的锅炉设备及系统研究方向中，耐火涂层技术将会持续发展和应用，为锅炉设备的性能提升和节能减排做出重要贡献。

三、先进制造技术

（一）激光焊接技术

激光焊接技术是一种高效、精准的焊接方法，可以实现锅炉部件的精密焊接，提高焊接质量和效率。采用激光焊接技术可以减少焊接变形和气孔等缺陷，提高锅炉的使用寿命和安全性能。激光焊接技术还可以实现对不同材料的焊接，适用于各种复杂形状和曲面的焊接需求。通过不断改进激光焊接设备和工艺，可以进一步提高激光焊接的精度和稳定性，为锅炉设备的制造和维护提供更好的技术支持。激光焊接技术的应用将进一步推动锅炉设备制造业的发展，促进锅炉设备的智能化和自动化水平提升。

（二）精密加工技术

精密加工技术在锅炉设备及系统研究中扮演着重要的角色。通过精密加工技术的应用，可以提高锅炉零部件的加工精度和表面质量，进而提升整体设备的性能和效率。同时，精密加工技术还可以有效延长锅炉设备的使用寿命，减少设备运行过程中的故障率，提高设备的可靠性和稳定性。

精密加工技术的不断创新和发展，可以为锅炉设备带来更多的优势和可能性。在未来的研究中，可以进一步探讨如何将先进的数控加工技术和机械加工艺相结合，实现对锅炉零部件的高效加工和精密控制。同时，还可以研究开发适用于锅炉设备的定制化精密加工设备，进一步提升加工效率和质量。

除此之外，精密加工技术还可以与其他先进技术相结合，如激光加工技术、超声波加工技术等，共同推动锅炉设备及系统的发展和创新。通过不断优化和改进精密加工技术，可以为锅炉设备的性能提升和节能减排等方面提供更多可能性，助力锅炉行业迈向更加健康、可持续的发展道路。

（三）D打印技术

D打印技术是一种颠覆性的制造技术，其在锅炉设备领域的应用前景广阔。通过D打印技术，可以实现复杂结构件的定制化制造，极大地提高了锅炉设备的制造效率和精度。未来，随着 D 打印技术的不断发展和成熟，将为锅炉设备的设计和制造带来全新的可能性。利用 D 打印技术，可以生产出更加轻盈、耐高温、耐腐蚀的锅炉部件，进一步提升锅炉的性能和可靠性。同时，D 打印技术还能实现对材料结构的精确控制，为锅炉设备的优化设计提供了技术支持。在未来的锅炉设备及系统研究中，D 打印技术将扮演着重要角色，推动锅炉设备向更加智能化、高效化的方向发展。

（四）自动化生产设备

在未来的锅炉设备及系统研究中，自动化生产设备将发挥重要作用。通过引入先进的自动化生产设备，可以实现锅炉设备的智能化制造，提高生产效率和产品质量。自动化生产设备可以实现对生产过程的精准控制，确保产品的一致性和稳定性。自动化生产设备还可以减少人力成本，提高生产线的生产能力和灵活性。通过不断改进和优化自动化生产设备，可以进一步提高锅炉设备的研发和生产效率，推动锅炉行业向智能化和自动化方向发展。随着技术的不断进步，自动化生产设备将成为未来锅炉设备制造的重要支撑，为实现锅炉设备的智能化生产提供强大的技术支持。

四、先进设计理念

（一）可持续发展设计思想

在未来的锅炉设备及系统研究中，可持续发展设计思想将成为重要的指导原则。通过结合先进材料在锅炉中的应用以及先进设计理念，可以实现锅炉节能技术的研究和开发。辅助设备能效提升和锅炉安全性能的优化研究也将是未来研究的重点之一。爆炸抑制技术的应用可以提高锅炉的安全性能，同时绿色环保锅炉的研究也将逐渐受到重视。电力智能交互系统的发展不仅可以提高锅炉的运行效率，同时也对整个能源系统的智能化发展起到推动作用。综合考虑以上因素并结合可持续发展设计思想，未来的锅炉设备及系统研究将朝着更加绿色、高效、安全的方向发展。

（二）低碳技术应用

在未来的锅炉设备及系统研究中，低碳技术的应用将是一个重要的方向。通过采用先进材料和先进设计理念，可以有效降低锅炉的能耗，实现节能减排的目标。绿色环保锅炉的研究也将成为一个热点，推动整个锅炉行业向着更加环保、可持续的方向发展。在锅炉安全性能优化研究中，爆炸抑制技术的应用也将得到更多关注，以提高锅炉的安全性能。同时，辅助设备的能效提升将进一步提升锅炉系统的整体效率，实现能源的有效利用。电力智能交互系统的研究和应用，将为锅炉设备的智能化发展提供重要支撑，提升锅炉系统的运行控制水平。未来锅炉设备及系统研究将紧密围绕着节能、环保、安全等方向展开，不断推动行业的快速发展和进步。

（三）环保生产设计

锅炉设备及其系统研究在未来的发展中，环保生产设计将成为重要的方向之一。环保生产设计不仅意味着减少环境污染和资源浪费，更体现了企业在生产过程中对环境友好和可持续发展的关注和责任。通过环保生产设计，可以有效降低生产过程中产生的废气、废水和废渣排放量，减少对环境的影响。同时，环保生产设计还可以提高生产效率，降低能耗成本，提升企业竞争力。

在锅炉设备及系统研究中，环保生产设计的应用将涉及到锅炉设备的设计、制造、安装和运行等方面。通过采用先进的环保生产设计理念，可以实现锅炉设备的高效、清洁、安全运行。例如，可以利用先进材料来提高锅炉的耐高温和耐磨损能力，从而延长设备的使用寿命。同时，结合电力智能交互系统，实现对锅炉设备的在线监测和智能控制，保障设备的安全、稳定运行。

通过优化锅炉辅助设备性能，提高能效水平，减少能源消耗和排放，也是环保生产设计的重要内容之一。爆炸抑制技术的应用能够有效降低锅炉爆炸事故的发生概率，提高设备的安全性能。绿色环保锅炉的研究将推动锅炉行业向绿色、低碳、可持续发展的方向转变，实现经济效益和环境保护的双赢局面。

未来锅炉设备及系统研究的发展方向之一就是围绕环保生产设计展开，推动锅炉行业实现高效、清洁、安全的发展。通过不断创新和技术提升，锅炉设备将不断优化性能，提高能效水平，实现经济效益和环境保护的双重目标。环保生产设计不仅是企业可持续发展的必然选择，也是锅炉行业转型升级的内在需求。

五、锅炉系统集成优化

（一）智能化集中监控

锅炉设备及其系统研究方向包括锅炉节能技术研究、辅助设备能效提升、锅炉安全性能优化研究、爆炸抑制技术、绿色环保锅炉研究、电力智能交互系统、先进材料在锅炉中的应用、锅炉系统集成优化以及智能化集中监控。智能化集中监控系统能够实现对锅炉设备的全方位监测和控制，实现对设备运行状态的实时监测和预警，从而保障锅炉设备的安全性和稳定性。同时，智能化集中监控系统还可以实现对设备运行数据的实时采集和分析，为设备运行优化提供数据支持。通过智能化集中监控，可以实现对锅炉设备运行状况的全面管理，提高设备的利用率和能效，降低运行成本，实现设备运行的智能化、自动化和精细化管理。

（二）能源调控系统

在未来的锅炉设备及系统研究中，能源调控系统将扮演着至关重要的角色。通过对能源的调控，可以实现对整个锅炉系统的优化管理，从而提高能源利用效率，降低能源浪费。这也符合当前社会对于节能减排的要求，同时也可以降低企业的生产成本，提高竞争力。在能源调控系统的指导下，锅炉设备可以更加智能地感知和应对实际工作环境中的需求，进而实现能源的合理分配和利用。

除此之外，能源调控系统还可以实现对于不同能源的灵活切换和管理，使锅炉设备更加适应多样化的能源供给，有利于提高系统的稳定性和可靠性。通过合理的调控，可以在保障供热供暖质量的前提下，最大限度地降低碳排放和污染物排放，实现绿色环保的目标。同时，能源调控系统还可以与其他智能系统进行交互，实现锅炉设备与整个能源系统的无缝衔接，提高系统的整体运行效率和灵活性。

未来锅炉设备及系统研究的方向之一是加强能源调控系统的研究与应用。通过提高能源调控系统的智能化程度和精准度，可以更好地满足社会对于能源节约和环保的需求，推动锅炉设备向着智能化、高效化、绿色化的方向发展。

（三）效率优化与维护

锅炉设备及其系统研究方向涉及到了多个领域的技术问题，其中效率优化与维护是一个至关重要的方向。通过对锅炉设备的性能参数进行深入研究和分析，可以找出提高效率的关键因素，从而有效减少能源消耗和减少排放。同时，对锅炉设备的维护也是非常重要的，只有保持设备的良好状态，才能确保设备的长期稳定运行，延长设备的使用寿命。

在锅炉节能技术研究方面，辅助设备能效提升是一个重要的课题。通过优化辅助设备的工作状态，提高辅助设备的效率，可以在一定程度上提高整个锅炉系统的能效。锅炉安全性能的优化研究也至关重要，爆炸抑制技术的研究可以有效避免锅炉发生爆炸事故，保障人员和设备的安全。

绿色环保锅炉的研究也是一个值得关注的方向，通过采用环保的燃料和技术，可以减少排放物的排放，保护环境。在锅炉系统集成优化方面，可以通过优化系统的各个环节，提高系统的整体效率，实现节能减排的目标。先进材料的应用也是一个研究热点，通过采用高温材料和耐腐蚀材料，可以提高锅炉设备的性能和稳定性。

电力智能交互系统的研究可以实现设备间的智能互联，提升系统的运行效率和安全性。未来锅炉设备及系统研究方向的展望将围绕着提高设备效率、优化系统性能、保障设备安全以及绿色环保等方面展开，为锅炉设备的发展和应用提供更为坚实的技术支持。

第五节　智能化锅炉发展

一、人工智能在锅炉中的应用

(一) 智能化运维系统

为了实现更加高效、安全和环保的锅炉设备运行，智能化运维系统的应用是至关重要的。通过引入人工智能技术，可以实现对锅炉设备运行状态的实时监测和分析，提前发现潜在故障并进行预测性维护。智能化运维系统还能够优化设备的运行策略，实现更加节能环保的运行模式。

通过智能化运维系统，运营人员可以实现远程监控和控制，及时响应异常情况，提高设备运行的安全性。同时，系统还可以整合各种设备数据，进行大数据分析，帮助运营人员做出更加科学的决策。智能化运维系统还可以实现设备的自动化维护，提高设备的可靠性和稳定性。

随着人工智能技术的不断发展，智能化运维系统将会成为未来锅炉设备运行管理的重要手段。通过不断地优化和升级，智能化运维系统将为锅炉设备的运行效率和可靠性带来更大的提升，为锅炉设备的发展提供强有力的支持。

(二) 人机协同控制系统

人机协同控制系统是未来锅炉设备及系统研究的重要方向之一。通过整合人类智慧和机器算法，实现锅炉设备的智能化运行和控制。这种系统能够有效提升锅炉设备的运行效率，降低能源消耗，提高设备的安全性能。同时，人机协同控制系统可以实现对锅炉设备的实时监测和精准调控，从而达到最佳运行状态，延长设备的使用寿命。

在未来的锅炉研究中，人机协同控制系统将扮演着至关重要的角色。通过引入人工智能技术，使得系统能够快速、精准地响应设备运行状态的变化，达到最优的控制效果。同时，人机协同控制系统还可以实现锅炉设备的自动化运行，减少人为干预，提高工作效率并降低劳动成本。

总的来说，人机协同控制系统的应用将会为未来锅炉设备及系统的研究带来革命性的变革。通过人类与机器的深度合作，我们可以实现锅炉设备的智能化运行，提高能效，保障安全，并最终实现对环境的友好保护。这种整合了人类智慧和机器算法的新型控制系统，将为未来锅炉设备的发展注入新的活力，推动锅炉工业的进步与发展。

（三）数据分析与预测

随着社会经济的快速发展和对环保要求的不断提升，锅炉设备及系统研究已成为当前工程领域的热点之一。在未来的发展中，锅炉节能技术研究将更加重要。同时，辅助设备能效提升和锅炉安全性能优化研究也将成为研究的重点方向。爆炸抑制技术的创新可以有效提高锅炉的安全性能，而绿色环保锅炉研究则是当前研究的关键之一。电力智能交互系统的应用将进一步推动锅炉设备及系统的发展。

在材料方面，先进材料在锅炉中的应用将带来设备性能的显著提升，促进锅炉系统集成优化的实现。智能化锅炉的发展将成为未来的趋势，人工智能在锅炉中的应用也将引领锅炉技术的新发展。数据分析与预测的意义日益凸显，在未来的研究中将发挥重要作用，为锅炉设备及系统的优化提供科学依据。整体而言，未来锅炉设备及系统研究将朝着节能、安全、环保、智能的方向不断深入，并取得更加显著的成果。

（四）云计算技术

云计算技术在未来的锅炉设备及系统研究中将发挥重要作用，为锅炉节能技术研究、辅助设备能效提升、锅炉安全性能优化、爆炸抑制技术、绿色环保锅炉研究、电力智能交互系统、先进材料应用、锅炉系统集成优化、智能化锅炉发展、人工智能应用等方面提供强大支持。通过云计算技术的应用，可以实现锅炉设备数据的实时监测与管理，提高系统的运行效率和安全性。同时，云计算技术还可以为锅炉设备提供更加智能化的控制和优化方案，为锅炉行业的发展注入新的活力和动力。云计算技术的推广应用将进一步推动锅炉行业向智能化、绿色化的方向发展，不断提升锅炉设备及系统的性能和效率，满足未来能源需求的挑战。

（五）物联网连接技术

物联网连接技术是未来锅炉设备及系统研究的重要方向之一。通过物联网连接技术，锅炉设备可以实现智能化管理和监控，提高设备的运行效率和安全性能。同时，物联网连接技术还可以实现设备之间的数据传输和信息共享，促进锅炉系统的集成优化。未来，随着物联网连接技术的不断发展和应用，锅炉设备将更加智能化、高效化，为推动锅炉行业的发展和进步提供更多可能性。

二、虚拟现实在锅炉维护中的应用

(一)仿真维修培训

锅炉设备及其系统研究方向展望,包括锅炉节能技术研究、辅助设备能效提升、锅炉安全性能优化研究、爆炸抑制技术、绿色环保锅炉研究、电力智能交互系统、先进材料在锅炉中的应用、锅炉系统集成优化、智能化锅炉发展、虚拟现实在锅炉维护中的应用和仿真维修培训。

(二)维护可视化系统

锅炉设备及其系统研究领域中,维护可视化系统起着至关重要的作用。通过可视化系统,操作人员可以直观地了解锅炉运行状态,并及时发现问题。这种实时监测和预警系统可以大提高锅炉的运行效率和安全性。同时,维护可视化系统还可以帮助工程师更快速地定位和解决问题,提高了维护的效率和准确性。

在未来的锅炉设备及系统研究中,可视化系统的发展将更加智能化和个性化。通过引入人工智能技术,可视化系统可以根据运行数据和历史记录进行分析和预测,帮助更好地优化锅炉系统的运行。同时,可视化系统也将更加用户友好,操作界面更加直观简洁,操作人员能够更轻松地使用和管理系统。

除了智能化和用户友好化,未来的维护可视化系统还将与其他系统实现更好的集成。例如,通过与电力智能交互系统的结合,可以实现锅炉设备的更精细化管理和优化。先进材料在锅炉中的应用也将为维护可视化系统的发展提供更多可能性,帮助系统更好地适应不同的工作环境和需求。

总的来说,未来维护可视化系统的发展方向将是智能化、个性化和集成化。这将为锅炉设备及系统的维护和管理带来新的机遇和挑战,推动整个行业朝着更高效、更安全、更可持续的方向发展。

(三)操作过程模拟

现代锅炉设备及系统研究方向呈现出多元化和智能化发展趋势。在未来的研究中,锅炉节能技术、辅助设备能效提升等方面将成为重点。同时,锅炉安全性能的优化研究和爆炸抑制技术的应用也备受关注。随着社会对环保需求的提升,绿色环保锅炉研究将得到进一步推动。

在锅炉领域,电力智能交互系统、先进材料在锅炉中的应用、锅炉系统集成优化等方面的研究将逐渐深入。智能化锅炉的发展将是未来的发展方向之一,虚拟现实技术在锅炉维护中的应用也将逐渐普及。操作过程模拟的研究将为锅炉设备的运行提供更好的支持,为锅炉系统的性能优化提供重要依据。

未来,随着技术的不断进步和创新,锅炉设备及系统的研究将更加全面和深入,为锅炉行业的可持续发展提供坚实基础。

(四)实时诊断反馈

在未来的锅炉设备及系统研究中,实时诊断反馈将成为一个重要的方向。通过实时监测和数据反馈,可以及时发现锅炉设备运行中的问题,并进行有效调整和优化。这将大提高锅炉设备的运行效率,降低能耗,同时也可以确保锅炉设备的安全性能。实时诊断反馈技术的应用将使锅炉设备的维护更加智能化,同时也有助于提前预防潜在的安全隐患,保障锅炉设备的长期稳定运行。通过不断完善实时诊断反馈技术,将为锅炉设备及系统的发展注入新的活力,推动锅炉行业朝着更加智能化、高效化的方向发展。

三、自适应控制系统

(一)优化自动控制系统

锅炉设备及其系统研究一直是工程领域的热点之一,随着科技的不断进步和社会的需求不断提高,对锅炉设备和系统的要求也越来越高。在未来的研究中,锅炉节能技术将是一个重要的研究方向,同时辅助设备能效提升也将成为研究的重点之一。锅炉安全性能优化将成为未来的重要课题,爆炸抑制技术的研究也将受到重视。

随着人们对环保意识的增强,绿色环保锅炉的研究将逐渐成为主流。同时,电力智能交互系统的研究也将助力锅炉设备和系统的发展。先进材料在锅炉中的应用将为设备的性能提升提供新的途径,锅炉系统集成优化将成为提高整体效益的关键。

在智能化锅炉发展方面,自适应控制系统的应用将得到进一步推广,优化自动控制系统的研究也将成为未来的重要方向。通过不断的创新和研究,未来锅炉设备和系统定将迎来一次新的发展。

(二)智能化精确调节

精确调节是未来锅炉设备及系统研究的重要方向之一,通过智能化技术的应用,可以实现对锅炉系统的精准控制和调节。这种智能化精确调节系统能够根据锅炉工作状态和环境条件实时调整参数,提高锅炉的效率和性能。

在智能化精确调节系统中,采用先进的传感器和控制器,可以实现对锅炉内部各项参数的精确监测和控制。通过数据分析和算法优化，可以实现对锅炉燃烧过程、热量传递和水循环等关键环节的精准调节，提高锅炉的运行效率和稳定性。

智能化精确调节系统还能够实现对环境污染物排放的控制，通过调节锅炉的燃烧参数和减排装置的运行状态，降低锅炉的排放浓度，实现绿色环保生产。同时，智能化精确调节系统还可以提高锅炉的安全性能，及时发现和处理潜在的安全隐患，保障锅炉运行的安全稳定。

智能化精确调节系统是未来锅炉设备及系统研究的重要方向，它将为锅炉工业的节能、环保和安全发展提供更加全面和可靠的技术支持。

(三) 能源消耗预测

锅炉设备及其系统研究在未来的发展中，需要重点关注锅炉节能技术研究、辅助设备能效提升、锅炉安全性能优化研究、爆炸抑制技术、绿色环保锅炉研究、电力智能交互系统、先进材料在锅炉中的应用、锅炉系统集成优化、智能化锅炉发展、自适应控制系统和能源消耗预测。通过这些方向的研究，将有助于促进锅炉设备的技术创新和性能提升，推动锅炉行业朝着更加智能、节能、环保的方向发展。

四、新兴能源整合利用系统

(一) 太阳能 + 生物质锅炉系统

太阳能 + 生物质锅炉系统，是未来锅炉设备及系统研究的重要方向之一。这种系统结合了太阳能和生物质能源的优势，实现了能源的充分利用和环保的能源供应。太阳能作为清洁的能源之一，能够提供稳定的能量来源，而生物质能源则是可再生的资源，具有丰富的储备和广泛的适用性。将这两种能源结合在一起，不仅可以有效地解决能源短缺和环境污染的问题，还能够实现能源的高效利用和经济效益的最大化。

在太阳能 + 生物质锅炉系统中，先进的材料在锅炉中的应用至关重要。通过使用高效的材料，可以提高锅炉的热传导效率和能量利用率，从而实现节能减排的目的。爆炸抑制技术的研究也是太阳能 + 生物质锅炉系统的关键所在。在系统运行过程中，爆炸可能会导致严重的安全事故，因此需要采用先进的技术手段来防止和控制爆炸的发生，确保系统的安全稳定运行。

智能化锅炉的发展也是太阳能 + 生物质锅炉系统的重要组成部分。通过引入智能交互系统，可以实现对锅炉运行状态的实时监测和控制，提高系统的运行效率和可靠性。同时，锅炉系统集成优化的研究也可以进一步提升系统整体性能，实现能源的最大化利用和资源的最大化回收利用。通过不断地优化和创新，太阳能＋生物质锅炉系统将成为未来锅炉设备及系统研究的重要方向，为能源的可持续发展和环境保护作出重要贡献。

(二) 水能＋生物质锅炉系统

水能＋生物质锅炉系统是未来锅炉设备及系统研究的重要方向之一，通过整合两种不同能源的优势，实现了能源的高效利用和环保生产。研究表明，水能与生物质的结合，可以有效提升锅炉的能效，并且在降低能源消耗的同时减少了对环境的不良影响。在水能＋生物质锅炉系统中，还运用了先进材料和技术，进一步提升了系统的稳定性和安全性。该系统的智能化发展和集成优化带来了锅炉设备的全面升级，为实现绿色能源和可持续发展提供了新的途径和可能性。

(三) 风能＋太阳能＋煤炭联合发电

风能＋太阳能＋煤炭联合发电已成为未来发展的重要方向之一。该系统整合了多种能源，利用风能和太阳能的可再生特性，同时充分利用煤炭等传统能源，实现了能源的多元化和高效利用。在这种系统中，风力发电和光伏发电作为主要的清洁能源，与煤炭发电相结合，不仅能有效减少温室气体的排放，提高能源利用效率，还能有效缓解能源紧缺和污染问题。在未来，风能＋太阳能＋煤炭联合发电系统将成为新兴能源利用的重要模式，为能源可持续发展和环境保护做出重要贡献。

五、锅炉智能化维护服务

(一) 远程监控维护

在未来锅炉设备及系统研究方向展望中，远程监控维护将扮演着至关重要的角色。通过远程监控技术，可以实现对锅炉设备的实时监测和远程控制，提高了故障排除和维护的效率，极大地减少了人力和时间成本。远程监控维护系统还可以通过数据分析和预测算法，提前发现和预防潜在故障，确保锅炉设备的稳定运行。远程监控维护系统还可以实现对锅炉设备的智能化管理，提高了整个系统的运行效率和安全性，为锅炉设备的长期发展提供了良好的保障。通过不断的研究和实践，远程监控维护系统将逐渐发展成为未来锅炉设备及系统研究的重要方向之一。

(二) 快速故障诊断系统

在未来的锅炉设备及系统研究中，快速故障诊断系统将发挥重要作用。通过引

锅炉设备及其系统研究

入先进的技术手段，可以实现对锅炉设备进行及时、准确的故障诊断，提高了设备运行的可靠性和效率。快速故障诊断系统能够对锅炉设备中的各种问题进行快速识别和定位，为工程师提供了有效的指导和决策依据。这将有助于减少故障带来的停机时间和维修成本，提高了整个系统的稳定性和安全性。未来，快速故障诊断系统将继续与智能化、自动化技术结合，不断完善和优化，成为锅炉设备维护和管理的重要工具之一。

（三）定期维护服务

在锅炉设备及系统研究领域，定期维护服务的意义重大。通过定期维护服务，可以有效延长锅炉设备的使用寿命，提高其性能效率，减少故障发生的概率，保障生产运行的稳定。在锅炉的日常运行中，定期维护服务更是必不可少的环节。只有经过定期维护检查，及时发现和解决设备存在的问题，才能确保锅炉设备能够安全、高效地运行。

定期维护服务还可以帮助锅炉设备的管理者对设备的运行状况进行全面的监测和评估，及时调整设备的参数，使之达到最佳的运行状态，以降低能源消耗，并减少对环境的影响。同时，定期维护服务也可以为锅炉设备的维修工作提供重要的参考依据，有助于提升设备的使用效率和稳定性。

总的来说，定期维护服务在锅炉设备及系统研究中占据着重要的地位。通过定期维护服务，可以实现对锅炉设备的全面管理和监控，保障设备的安全稳定运行，提高设备的使用效率和寿命，为锅炉设备的发展和进步提供有力保障。

（四）故障追踪与解决系统

故障追踪与解决系统是当前锅炉设备及系统研究领域中的一个重要方向。通过建立智能化的监测系统，能够及时发现锅炉设备存在的问题，并快速定位故障的原因，从而提高设备的可靠性和稳定性。这种系统结合了先进的传感技术和数据分析算法，能够实现对各种设备参数的实时监测和分析，使得锅炉运行状态始终处于最佳状态。

故障追踪与解决系统的实施不仅可以减少设备停机时间，降低维修成本，还能有效提升锅炉设备的整体运行效率。同时，通过对历史故障数据的积累和分析，系统还能为未来设备运行提供更加准确的预测和维护方案，进一步保障设备的安全性和稳定性。

随着锅炉设备的智能化发展，故障追踪与解决系统将会不断完善和拓展。未来，随着人工智能、大数据等技术的应用，这个系统将能够更加准确地预测设备故障，甚至实现自动化的维修和调试，为锅炉设备的运行提供更加全方位的保障和支持。这将极大地提升锅炉设备的运行效率和安全性，推动整个行业向着智能化、高效化的方向发展。

(五) 小时智能热线服务

锅炉设备及其系统研究一直是锅炉行业的热点话题之一。在未来的研究中，锅炉节能技术研究将成为主要方向之一，辅助设备的能效提升也将得到更加深入的探讨。同时，锅炉安全性能的优化研究和爆炸抑制技术的应用也将成为重要的研究内容。绿色环保锅炉研究将成为行业发展的必然趋势，电力智能交互系统的应用将为锅炉行业带来全新的发展机遇。

除此之外，先进材料在锅炉中的应用将大提升锅炉设备的性能和效率，锅炉系统集成优化也将在未来得到更加广泛的应用。智能化锅炉发展将成为行业的新潮流，锅炉智能化维护服务和小时智能热线服务的提供也将极大方便用户的使用和维护。在未来的锅炉设备及系统研究中，这些领域的不断创新与发展将推动整个行业向着更加智能、高效、安全、环保的方向迈进。

参考文献

[1] 祝笛. 船舶辅锅炉仿真系统研究与实现[D]. 导师: 王卫东. 江苏科技大学, 2022.

[2] 付文彬. 锅炉设备监造基础工作及建议[J]. 能源研究与管理, 2021, (01): 21-24.

[3] 刘佩. 电气设备装配线的物料配送方法及其系统研究[D]. 导师: 涂海宁. 南昌大学, 2021.

[4] 张贺, 付晓靖, 胡鉴耿, 吴雅琴, 冯向东, 徐浩然. 锅炉纯水电除氨设备实验探究[J]. 水处理技术, 2022, 48(10): 77-81.

[5] 张福强, 邢汉林, 侯丽娟. 阿勒泰地区供热工程用燃煤锅炉与电极锅炉设备选型方案[A].2022供热工程建设与高效运行研讨会论文集[C]. 中国市政工程华北设计研究总院有限公司、《煤气与热力》杂志社有限公司、中国建设科技集团股份有限公司: 2022: 11-15.

[6] 李航天, 王图钦, 张丹丹, 程军锋, 陈长伟. 燃煤锅炉烟气防窜设备的升级改造[J]. 大氮肥, 2022, 45(04): 236-238.

[7] 陈伟崇. 浅析新型锅炉木屑燃烧设备的设计系统[J]. 中国设备工程, 2021, (12): 146-147.

[8] 韩家才. 锅炉低氮改造关键设备及技术分析[J]. 中国设备工程, 2022, (19): 212-214.

[9] 周增宏, 高冬霞. 选煤厂设备监控系统研究[J]. 洁净煤技术, 2023, 29(S1): 118-121.

[10] 杨锟. 关键行车设备综合监测系统研究[J]. 智慧轨道交通, 2023, 60 (05): 41-46.

[11] 张素军. 酸洗设备的酸雾净化系统及设备设施改造系统研究[J]. 山西化工, 2022, 42(01): 89-91.

[12] 杜海峰. 火电厂锅炉声学高温计的设计与系统研究[D]. 导师: 阚哲. 辽宁石油化工大学, 2021.

[13] 李洪卫. 继电保护辅助设备智能监测系统研究[J]. 机械与电子, 2021, 39

(03): 34-38.

[14] 吴燕林,孟晓云,刘福强,田洪涛,张康.半导体设备工艺配方管理系统研究[J].电子工业专用设备,2023,52(01):40-44.

[15] 王良伟.火力发电厂锅炉设备检修及改造问题[J].设备管理与维修,2021,(10):62-63.

[16] 刘长清,焦文祥.膜式壁堆焊设备在锅炉制造行业中的应用[J].锅炉制造,2023,(03):51-53.

[17] 王茂森.汽车起重机上楼面吊装锅炉烟气净化设备实践[J].中国电力企业管理,2021,(06):82-84.

[18] 王松林.工业锅炉运行及其烟气治理[J].能源与节能,2022,(01):74-75+86.

[19] 孙留铛.锅炉安装及其调试的要点分析[J].中国设备工程,2022,(08):94-95.

[20] 徐威,俞卫新,薛建强,许文彦,曹鑫,高文蒂.基于数字孪生的电站锅炉可视化安全预控系统研究[J].电力设备管理,2021,(08):161-162.

[21] 刘红妤.基于超声波检测设备软件系统研究[J].应用能源技术,2022,(06):12-15.

[22] 李瑶,程文进,黄志海,杨勇,陈李松.液相外延设备温度控制系统研究[J].电子工业专用设备,2021,50(01):8-11+56.

[23] 王烨.手指康复设备结构及控制系统研究[D].导师:吴全玉;涂必林.江苏理工学院,2021.

[24] 曹旭.数字化设备工艺防腐管理系统研究[J].信息系统工程,2021,(07):43-45.

[25] 李文凯.粮库仓储设备云智控系统研究[D].导师:李文华;牛卫东.辽宁工程技术大学,2022.

[26] 于勇.高速动车组高压设备智能监测系统研究[J].铁道车辆,2021,59(05):89-91+99.

[27] 孟范鹏,李浩,李晨,乔绪龙,王坤田.基于物联网的设备远程监控系统研究[J].智慧轨道交通,2022,59(01):39-41.

[28] 李成飞.火电厂锅炉本体设备长周期保管防护技术的应用[J].中国新技术新产品,2021,(05):43-45.

[29] 马海军.电厂锅炉辅机设备检修的常见故障及对策探讨[J].电力设备管理,2021,(02):82-83+94.

[30] 谢德勇，张玲，陈绍敏. 数值模拟在锅炉设备及运行课程教学中的探索实践 [J]. 重庆电力高等专科学校学报，2023，28(S1)：99-102.